RÉPUBLIQUE FRANÇAISE

MINISTÈRE DU COMMERCE, DE L'INDUSTRIE
DES POSTES ET DES TÉLÉGRAPHES

EXPOSITION UNIVERSELLE DE 1900
À PARIS

LISTE
DES RÉCOMPENSES

EXTRAITS

GROUPE VIII
HORTICULTURE ET ARBORICULTURE
(CONCOURS PERMANENT ET CONCOURS TEMPORAIRES)

PARIS

IMPRIMERIE NATIONALE

M CMI

GROUPE VIII.

HORTICULTURE ET ARBORICULTURE.

CLASSE 43.

Matériel et procédés de l'horticulture et de l'arboriculture.

LISTE DU JURY.

VIGER (D' Albert), *président*	France.	FORESTIER (Jean)	France.
FRANCIS (J.-M.), *vice-président*	États-Unis.	FORMIGÉ (Jean-Camille)	France.
CHAURÉ (Lucien), *rapporteur*	France.	JURGENS	Allemagne.
CHATENAY (Abel), *secrétaire*	France.	LEBŒUF (Paul)	France.
ANDRÉ (Édouard)	France.	QUÉNAT (Pierre)	France.
BAZAROFF (Alexandre)	Russie.	SEYDERHELM (Ernest)	Hongrie.
BERGEROT (Gustave)	France.	SOHIER (Georges)	France.
DUNLAP (H.-N.)	États-Unis.		

EXPERTS.

DENY (Eugène)	France.	LEFEBVRE	France.
GALPIN (Gaston)	France.	MÉRY-PICARD	France.

Hors concours.

ANDRÉ (Édouard), à Paris	France.	MARTINET (Henri), à Paris	France.
BERGEROT, SCHWARTZ et MEURER, à Paris.	France.	PILTER, à Paris	France.
BESNARD père, fils et gendres, à Paris	France.	QUÉNAT (Pierre), à Paris	France.
CAPITAIN-GÉNY et Cie, à Bussy (Haute-Marne)	France.	RADOT (Émile), à Essonnes (Seine-et-Oise).	France.
CHAURÉ (Lucien), à Paris	France.	« REVUE HORTICOLE » (La), à Paris	France.
DENY et MARCEL, à Paris	France.	SOCIÉTÉ NATIONALE D'HORTICULTURE DE FRANCE, à Paris	France.
DOIX (Octave), à Paris	France.	SOHIER (Georges), à Paris	France.
LEBŒUF (Paul), à Paris	France.	VILLARD (Théodore), à Paris	France.
LIBRAIRIE ET IMPRIMERIE HORTICOLES, à Paris.	France.	WESSBÉCHER (Émile), à Paris	France.

Grands prix.

ASSOCIATION DES ARTISTES JARDINIERS ALLE-MANDS, à Berlin. (Exposition collective de l') :

> *Participants* : Coers (Carl) et fils, à Dortmund ; Cordes, à Hambourg ; Encke, à Potsdam ; Finken, à Cologne-sur-le-Rhin ; Fintelmann, à Berlin ; Glum, à Berlin ; Goebel, à Francfort-sur-le-Mein ; Haak, à Berlin ; Hallervorden, à Steglitz, près Berlin ; Heicke, à Aix-la-Chapelle ; Hoppe, à Berlin-Zehlendorf ; Klaeber, à Wannsee-Potsdam ; Klawun, à Berlin-Gross-Lichterfelde ; Koerner, à Berlin-Steglitz ; Menzel, à Breslau ; Mehler (Gottfried), à Hambourg ; Municipalité de la ville de Hanovre ; Schulze, à Hanovre ; Sénat de la ville de Hambourg ; Siesmayer frères, à Bockenheim, près Francfort-sur-le-Mein ; Trip, à Hanovre ; Weiss, à Berlin ; Wendt, à Berlin ; Zahn, à Stendhal.... Allemagne.

Cochu (Eugène), à Saint-Denis (Seine). France.

COMITÉ SPÉCIAL POUR L'EXPOSITION DE L'HORTICULTURE, à Vienne (Exposition collective du) :

> *Participants* : Administration archiépiscopale, à Kremsier ; Administration des jardins du comte Thun, à Fetschen ; École supérieure pomologique et horticole, à Eisgrub ; Harrach (Comte Jean), à Bruck ; Jardins de la Cour impériale et royale, à Vienne ; Jardin du prince Liechtenstein, à Eisgrub ; Metternich (Comte), à Königswart ; Municipalité de Vienne ; Schönborn (Comte), à Schönbörn ; Thomayer (François), à Prague.............. Autriche.

GRENTHE (Louis), à Pontoise (Seine-et-Oise)...................... France.

INSTITUT ROYAL D'HORTICULTURE, à Budapest. Hongrie.

Médailles d'or.

Allemand (Jules), à Genève. Suisse.

Allen (S. L.) and C°, à Philadelphie .... États-Unis.

Bergeotte (L.), à Paris. France.

Broquet (Adolphe), à Paris .... France.

Commandance du château royal, à Budapest ... Hongrie.

Commissaire ministériel de pomologie et d'arboriculture, à Budapest. Hongrie.

Commissioner of Works Her Majesty's, à Londres .... Grande-Bretagne.

Dubos (Paul) et Cie à Saint-Denis (Seine) .. France.

Durey-Souy (Camille), à Paris .... France.

Ferry (Paul-C.), à l'Isle-Adam (Seine-et-Oise). France.

Guillot-Pelletier fils et Cie, à Orléans (Loiret). France.

Hein (Jean), à Budapest. Hongrie.

Jardin botanique impérial, à Saint-Pétersbourg .. Russie.

Lesseau (Henri), à Paris. France.

Martre et ses fils, à Paris. France.

Mauthner (Edmond), à Budapest .... Hongrie.

Ministère de l'agriculture et des domaines, Département de l'agriculture, à Saint-Pétersbourg. Russie.

Ministère des travaux publics, à Mexico ...... Mexique.

Morel et fils, à Lyon-Vaise (Rhône) .... France.

National cash register company, à Dayton ... États-Unis.

Redont (Édouard), à Reims (Marne) ...... France.

Société impériale d'horticulture de Russie, à Saint-Pétersbourg .... Russie.

Société impériale d'horticulture de Russie, Section de Simféropol ... Russie.

Spring Grove cemetery, à Cincinnati .... États-Unis.

Tissot (Jean-Claude) et Cie, à Paris .... France.

Touret (Eugène), à Paris .... France.

Vidal-Beaume (Jean-Baptiste), à Boulogne-sur-Seine (Seine) .... France.

Wiriot (Émile), à Paris. France.

Médailles d'argent.

Albaugh Georgia orchard company, à Fort-Valley. États-Unis.

Anfroy (Louis), à Andilly (Seine-et-Oise).. France.

Aubry (Émile), à Paris.. France.

Audubon park association, à New-Orleans ...... États-Unis.

Ballauff et Petitpont, à Paris .... France.

Bellefontaine cemetery, à Saint-Louis .... États-Unis.

Blanquier (Louis), à Paris .... France.

Brochard (Émile) fils, à Paris. .... France.

Burpee (W.-Atlee) and C°, à Philadelphie ...... États-Unis.

California nursery company, à Niles .... États-Unis.

Carpentier (Edmond), à Doullens (Somme) ... France.

Chaumeton (Ernest), à Neuilly-sur-Seine (Seine) .... France.

Coldwell lawn mower company, à Newburg .. États-Unis.

Commission de Californie à l'exposition de Paris. États-Unis.

Cooper (Elwood), à Santa-Barbara .... États-Unis.

Couppez (E.) et Léonet (A.), à Paris .... France.

Dedieu et Hallay, à Paris. France.

Dorléans (Ernest), à Clichy (Seine) ...... France.

Dsubine (M.-A.), à Simféropol .... Russie.

Decerf (Auguste), à Choisy-au-Bac (Oise). France.

Durand-Vaillant (Barthélemy), à Paris ...... France.

École industrielle agricole du baron de Hirsch, à Woodbine. États-Unis.

Esterházy (Comte François), à Tata .... Hongrie.

Fenoul, à Paris .... France.

Figus (Paul), à Paris ... France.

Finot et Cie, à Clamart (Seine) .... France.

Fontaine-Souverain (Denis) fils, à Dijon (Côte-d'Or) .... France.

Graceland cemetery company, à Chicago ..... États-Unis.

Gravereaux (Jules), à L'Hay (Seine) .... France.

Hirt, à Paris .... France.

Hunnewell (H.-H.), à Boston .... États-Unis.

Institut agricole de Moscou .... Russie.

«Jardin» (Journal Le), à Budapest .... Hongrie.

Jardin impérial Nikitsky. Russie.

Laritte (Jules-Victor), à Clermont (Oise) ..... France.

Lamba, à Paris .... France.

Laqua (Paul), à Paris... France.

Leboeuf (Henry), à Paris. France.

Le Breton (Georges), à Paris .... France.

Legendre (Émile), à Paris .... France.

Lelange (Jules), à Boissy-Saint-Léger (Seine-et-Oise) .... France.

Lerch (Félix), à Paris... France.

Lhomme-Lefort, à Paris.. France.

Longy (Henri), à Melun (Seine-et-Marne) .... France.

Lotte (Gaston), à Paris. France.

Maluchine (Basile), à Moscou .... Russie.

Mamba (Yonékiti), à Tokiô .... Japon.

Maurice (Alfred), à Château-du-Loir (Sarthe). France.

Michaux (Albert), à Asnières (Seine) ...... France.

Michigan seed company, à South Haven ...... États-Unis.

Milwaukee park commission, à Milwaukee ... États-Unis.

Ministère de l'agriculture du Canada. Grande-Bretagne.

Ministère de Fomento... Mexique.

Moukhovich (J.-M.), à Vilna .... Russie.

Muratori (Ferdinand), à Paris .... France.

Nauen, à Paris .... France.

Nivet (Henri) jeune, à Limoges (Haute-Vienne) .... France.

Ozanne (Gaston) fils, à Paris .... France.

Paquien (Paul), à Paris. France.

Parent (Frédéric), à Paris. France.

Péan (Armand), à Paris. France.

Petz (Arminius), à Budapest .... Hongrie.

Pillon (Marie), à Issy-les-Moulineaux (Seine). France.

Plançon (Marie-C.-M.), à la Garenne-Colombes (Seine)............. France.

Pradinès (Léon), à Levallois-Perret (Seine)... France.

Rainfray (Julien), à Paris. France.

Regel (A.-E.), à Saint-Pétersbourg .... Russie.

Rœding (Georges-C.), à Fresno .... États-Unis.

Rudolph (Charles), à Paris .... France.

Saint-Paul board of park commissioners, à Saint-Paul .... États-Unis.

Sander (O.) and C°, à Saint-Albans ...... Grande-Bretagne.

Schmidt (A.-O.), à Saint-Pétersbourg .... Russie.

Schmidt (Gustave), à Berlin .... Allemagne.

Société des établissements Allez frères, à Paris. France.

Société française des spécialités industrielles, à Paris .... France.

Société d'horticulture d'Orléans et du Loiret, à Orléans (Loiret) ... France.

Société impériale agronomique de la Russie méridionale, à Odessa.. Russie.

Société impériale russe d'acclimatation des animaux et des plantes, à Moscou .... Russie.

Stumpf, Touvier, Viollet et Cie, à Pantin (Seine)............. France.

Taïursky (V.-V.), à Simféropol .... Russie.

Truffaut (Georges), à Versailles (Seine-et-Oise) .... France.

Withman and Barnes manufacturing company, à Akron .... États-Unis.

Woodmère cemetery .... États-Unis.

Médailles de bronze.

Abondance et Cie, à Taverny (Seine-et-Oise)... France.

Ballédent (Honoré), à Soissons (Aisne)..... France.

Barböu (Victor), à Paris. France.

Barillot (C.), à Moulins (Allier)........ France.

Bay (G.), à Paris ...... France.

Berthier (Étienne), à Paris .... France.

Bessin frères, à Lagny-sur-Marne (Seine-et-Marne)............. France.

Boutvin, à Angers (Maine-et-Loire)........... France.

Bréhier, à Provins (Seine-et-Marne)......... France.

Chailloux (Louis), à Châteauneuf - sur - Loire (Loiret)........... France.

Chambre syndicale des horticulteurs et maraîchers d'Amiens....... France.

Chevreton (M.-Jean) et Rivière (Stéphane), à Saint-Chamond (Loire). France.

Clinard (Théophile), à Saint-Denis (Seine).. France.

Cours d'horticulture, à Oroshàza .... Hongrie.

Delaire, à Orléans..... France.

Dreer (Henry-A.), à Philadelphie.......... États-Unis.

Dreher (Ignace) et fils, à Budapest .... Hongrie.

Dufour (Sosthène) aîné, à Paris .... France.

École de Zarskaselsk . Russie.

Eon (E.), à Paris...... France.

Floucaud (Joseph), à Paris. France.

Gayer-Legendre, à Paris. France.

Girard-Col (Jean), à Clermont-Ferrand (Puy-de-Dôme).......... France.

Goussard (Émile), à Montreuil (Seine)....... France.

Granrut (Louis-E. du), aux Islettes (Meuse).. France.

Griffing (Timothy-M.), à Riverhead........ États-Unis.

Grünewald (Alexis), à Meudon (Seine)..... France.

Gude (Fritz), à Dusseldorf............. Allemagne.

Hégu (Louis), à Angers (Maine-et-Loire).... France.

Jollivet (Eugène), à Saint-Prix (Seine-et-Oise).. France.

Klösz (Georges), à Budapest .... Hongrie.

Lamy (Léon), à Méru (Oise)........... France.

Leduc (Louis), à Andilly (Seine-et-Oise)..... France.

Le Melle (Auguste), à Paris............. France.

Loizeau (Auguste), à Paris .... France.

Maillard (Edmond), à Choisy-le-Roi (Seine). France.

Martin (J.-B.), à Paris. France.

Maxwell (David) and sons, à Ontario (Canada). Gde-Bretagne.

Mazel (Léonard), à Saint-Denis-du-Sig (Algérie). France.

Monlezun (Léon), à Alençon (Orne)........ France.

Municipalité de la ville de Sopron .... Hongrie.

Newby (Thomas-T.), à Carthage.......... États-Unis.

Packard (A.-S.), à Covert.............. États-Unis.

Péan (Sylvain), à Paris. France.

Peignon fils, à Paris.... France.

Pelletier (Mme Vve Léon), à Paris............. France.

Perrault (Emmanuel) fils aîné, à Angers (Maine-et-Loire)........... France.

Philippon (Louis), à Robinson (Seine)...... France.

Postlewaite (Harry), à San Jose .... États-Unis.

Regel (R.-E.), à Saint-Pétersbourg .... Russie.

Ricada (Alexandre), à Versailles (Seine-et-Oise)............. France.

Rigault (Alfred), à Croissy (Seine-et-Oise)..... France.

Rupé (Gustave de), à Paris............. France.

Schlée (Otto), à Biberach............. Allemagne.

Schliessmann, à Castel-Mayence........... Allemagne.

Schterbina (P.-S.), à Simféropol........... Russie.

Shimizu (Séibéi), à Tôkio. Japon.

Siry (Jules), à la Garenne - Colombes (Seine)........... France.

Smart (James) manufacturing company, limited, à Ontario (Canada)........ Grande-Bretagne.

Société agricole de Kline. Russie.

Société d'horticulture et de culture maraîchère, à Astrakhan........ Russie.

Station expérimentale d'agriculture du Maryland, à College Park. États-Unis.

Teviacheff (Basile et Jean) à Bobrov...... Russie.

Université d'Idaho, à Moscow............. États-Unis.

Vidon (Maurice), à Chartres (Eure-et-Loir).. France.

Villèle (Jean de), à Hyères (Réunion).... France

Yankovsky, à Varsovie.. Russie.

Mentions honorables.

Acker (Émile), à Paris.. France.

Allouard (Albert) et Cie, à Paris........... France.

Barriot, à Lausanne... Suisse.

Bluet (Mme Marie-E.), à Dijon (Côte-d'Or)... France.

Chéron (Jean-Baptiste), à Liancourt (Oise)... France.

Chrétin (Frédéric), à Paris............. France.

Connor (Washington-E.), à New-York....... États-Unis.

Daigremont (Mme), à Paris.............. France.

Dautremont (Félix), à Vervins (Aisne)....... France.

Deperraz (Auguste), à Billancourt - Boulogne (Seine)........... France.

Deserces (Théogène), à Paris............. France.

Dintleman (P.-L.), à Belleville........... États-Unis.

Faune (Martial) fils, à Limoges (Haute-Vienne). France.

Florida east coast hôtel company, à Saint-Augustin........... États-Unis.

Forgeot, à Paris...... France.

Franquet (Charles), à Paris............. France.

Girardot (Jules), à Paris. France.

Gitton, à Orléans (Loiret). France.

Glazenap (Serge), à Saint-Pétersbourg........ Russie.

Goebel, à Francfort-sur-le-Mein........... Allemagne.

Hori (Harumitsu), à Tôkio.............. Japon.

Jamin (Désiré), à Orléans (Loiret)........... France.

Johnson (F.-C.), à Kishwaukee.......... États-Unis.

Lacroix (Ernest), à Châlons-sur-Marne (Marne) France.

Launay (Félix), au Perreux (Seine)....... France.

Liottier, au François (Martinique)....... France.

Maitre, à Auvers-sur-Oise (Seine-et-Oise). France.

Marbé (François-Marius), à Eckmuhl (Oran-Algérie)........... France.

Masson (Octave), à Combs-la - Ville (Seine - et -Marne)............ France.

Mathian (C.), à Paris... France.

Maupu (Désiré), à Orléans (Loiret)...... France.

Métexier (Jules), à Paris. France.

Municipalité de la ville de Pozsony........ Hongrie.

Nadeaud (Georges), à Paris............. France.

Nadeaud (Mme Vve), à Paris. France.

Nagata (Daïsuké), à Hiôgo. Japon.

Paradis (Les héritiers), à Hautmont (Nord).... France.

Paulin (Louis), à Paris.. France.

Péan (Eugène), à Paris.. France.

Pelletier (Julien), à Courbevoie (Seine)... France.

Pennsylvania railroad company, à Philadelphie............. États-Unis.

Rager (Henri), à Vernon (Eure)............ France.

Reinherz (Thérèse), à Munich............. Allemagne.

Reinié (Ernest), à Courbevoie (Seine)...... France.

Riousse (H. et J.), à Paris. France.

Roussard (Paul), à Laval (Mayenne)......... France.

Sabot (Paul), à Paris... France.

Société des amateurs de plantes d'appartement, à Saint-Pétersbourg.. Russie.

Soenhlin et Bailliart, à Paris............. France.

Stevens (Mme Kinton), à Montecito.......... États-Unis.

Thoury (Émile), à Saint-Hilaire - du - Harcouët (Manche).......... France.

Thureau (Désiré), à Paris. France.

Turbiaux, à Suresnes (Seine)............ France.

Vincent (Louis), à Paris. France.

Zabatta (Joseph), à Palerme............. Italie.

COLLABORATEURS.

Médailles d'or.

Angyal (Désiré), Institut royal d'horticulture... Hongrie.

Ballif (Otto), maison Chauré (Lucien)..... France.

Bricaire, maison Capitain-Gény (E.) et Cie.. France.

Chario, maison Bergerot, Schwartz et Meurer.. France.

Ergenzinger (Othon), Comité spécial pour l'exposition de l'horticulture, à Vienne...... Autriche.

Gyöny (Dr Étienne), Institut royal d'horticulture........... Hongrie.

Houberdon, maison Sohier (Georges).......... France.

Lemaire (Mme Madeleine), publications Villard (Théodore)......... France.

Schilberszky (Charles), Institut royal d'horticulture........... Hongrie.

Médailles d'argent.

Boutoleau, maison Martre et ses fils.......... France.

Carillon, maison Dubos (Paul) et Cⁱᵉ....... France.

Eilertsen, maison Le-bœuf (Paul)........ France.

Fouché (Paul), maison Touret (Eugène)..... France.

Gaudoin (Félix), maison Deny (Eugène) et Marcel (Cyprien)........ France.

Guillemin, maison Capitain-Gény (E.) et Cⁱᵉ.. France.

Gyulay (Ladislas), Institut royal d'horticulture.. Hongrie.

Hart, maison Lebœuf (Paul)........... France.

Juillien (Henri), Société nationale d'horticulture de France.......... France.

Launay, maison Lebœuf (Henry)........... France.

Léonor (Victor), maison Dubos (Paul) et Cⁱᵉ... France.

Leroy (Auguste), maison Besnard père, fils et gendres.......... France.

Loisel (Julien), maison Durey-Sohy (Camille). France.

Magyar (Jean), Institut royal d'horticulture.. Hongrie.

Maumené, maison Martinet (Henry)........ France.

Molnàr (Étienne), Institut royal d'horticulture. Hongrie.

Pasquet (Paul), maison Durey-Sohy (Camille). France.

Puygrenier (L.), maison Doin (Octave)........ France.

Ræde (Charles), Institut royal d'horticulture.. Hongrie.

Rebion, maison Radot (Émile)........... France.

Renaud, maison Quénat (Pierre-M.-A.)...... France.

Ruffin, maison Bergeotte (L.)............ France.

Smets, maison Lebœuf (Paul)............ France.

Vincent, maison Bergerot, Schwartz et Meurer.. France.

Médailles de bronze.

Alexandre (Alfred), maison Fontaine-Souverain (Denis) fils........ France.

Bailly (Armand), Société française des spécialités industrielles........ France.

Basin, Librairie et imprimerie horticoles..... France.

Blois, maison Capitain-Gény et Cⁱᵉ........ France.

Chauvin (F.), maison Dorléans (Ernest).... France.

Claudel (Ch.), maison Lotte (Gaston)...... France.

Daubigny, maison Lelarge (Jules)........... France.

Dutertre (Eugène), maison Maurice (Alfred).. France.

Fabre (Alphonse), maison Wessbécher (Émile).. France.

Fossel, Librairie et imprimerie horticoles..... France.

Fougeu (Émile), maison Clinard (Théophile).. France.

Lacordelle, maison Brochard (Émile) fils.... France.

Lexé (Barthélemy), maison Radot (Émile)... France.

Lenôtre (Louis), maison Rudolph (Charles)... France.

Mauthner (Alfred), maison Mauthner (Edmond)........... Hongrie.

Padlicska (Étienne), Institut royal d'horticulture........... Hongrie.

Perrier (J.), maison Le Breton (Georges).... France.

Perrin (Lucien), maison Pelletier (Mᵐᵉ Vᵛᵉ)... France.

Pillet (Alfred), maison Philippon (Louis).... France.

Poulailler (Arsène), maison Brochard (Émile) fils............. France.

Sube (Baptiste), maison Lerch (Félix)....... France.

Vandergutten, maison Labitte (Jules-Victor)... France.

Mentions honorables.

Antonis (frère), Chambre syndicale professionnelle des horticulteurs et maraîchers d'Amiens. France.

Barotte (Mᵐᵉ), maison Villard (Théodore)... France.

Brepson, maison Le Melle (Auguste)........... France.

Courtois, Chambre syndicale professionnelle des horticulteurs et maraîchers d'Amiens...... France.

Delhaye (Gustave), maison Pelletier (Mᵐᵉ Vᵛᵉ)............. France.

Dérémy, maison Labitte (Jules-Victor)....... France.

Fiévet (Ed.), maison Floucaud (Joseph)....... France.

Le Goff, maison Deny (Eugène) et Marcel (Cyprien)............. France.

Rouellé (Albert), maison Vidon (Maurice)..... France.

Villeboeuf, maison Rudolph (Charles)...... France.

CONCOURS TEMPORAIRES.

CONCOURS DU 27 JUIN 1900.

Premier prix.

Morel et fils, à Lyon-Vaise (Rhône). — Plans de jardins.................... France.

Deuxièmes prix.

Berthier (Étienne), à Paris. — Plans de jardins............ France.

Gude (Fritz), à Dusseldorf. — Plans de jardins............ Allemagne.

Lamba, à Paris. — Plans de jardins.........,.. France.

Laqua (Paul), à Paris. — Plans de jardins..... France.

Nauen, à Paris. — Plans de jardins......... France.

Nivet (Henri) jeune, à Limoges (Haute-Vienne). — Plans de jardins... France.

Touret (Eugène), à Paris. — Plans de jardins.. France.

Troisièmes prix.

Barbiot (Abdon), à Lausanne. — Plans de jardins............ Suisse.

Boutvin, à Angers (Maine-et-Loire). — Plans de jardins........... France.

Brehier, à Provins (Seine-et-Marne). — Plans de jardins........... France.

Faure (Martial) fils, à Limoges (Haute-Vienne). — Plans de jardins.. France.

Gitton, à Orléans (Loiret). — Plans de jardins............ France.

Goebel, à Francfort-sur-le-Mein. — Plans de jardins............ Allemagne.

Jamin (Désiré), à Orléans (Loiret). — Plans de jardins........... France.

Loizeau (Auguste), à Paris. — Plans de jardins............ France.

Mentions.

Beaucantin et Le Morvan, à Rouen (Seine-Inférieure). — Plans de jardins........... France.

Blangy et Vinot, à Ramonchamp (Vosges). — Plans de jardins..... France.

Boun (Bernard), à Paris. — Plans de jardins... France.

Delannoy, à Lille (Nord). — Plans de jardins .. France.

Duquenne (J.), à Marcinelle - Charleroi. — Plans de jardins..... Belgique.

Jarry (Clément), à Limoges (Haute-Vienne). — Plans de jardins. . France.

Masson, à Combs-la-Ville (Seine-et-Marne). — Plans de jardins .. France.

Miller, à Coventry. — Plans de jardins..... Angleterre.

Riousse (H. et J.), à Paris. — Plans de jardins... France.

Soer, à Velp-lez-Arnhem. — Plans de jardins .. Hollande.

Vasseur (Antoine), à Sauxillanges (Puy-de-Dôme). — Plans de jardins............ France.

CLASSE 44.

Plantes potagères.

LISTE DU JURY.

NIOLET (Jean-François), *président*... France.
SCALABANDIS (Alexandre), *vice-président*.... Italie.
DELAHAYE (Ernest), *rapporteur*..... France.
HÉBRARD (Laurent), *secrétaire*...... France.

COUTURIER (Jules-Édouard)....... France.
DUVILLARD (Alfred)............. France.
RIVOIRE (Antoine)............. France.
VINCEY (Paul)................ France.

EXPERTS.

BARBIER (Auguste)............. France.
BEUDIN (François)............. France.
BUISSON (J.)................ France.
CARL HANSEN................ Danemark.
CAYEUX (Ferdinand)............ France.
CHEMIN (Georges)............. France.
COTTEREAU (François)........... France.
CURÉ (Jean-Baptiste)........... France.
DREVAUX................... France.
DUPANLOUP................. France.

GAGEY.................... France.
HÉMAR (Honoré).............. France.
LAMBERT (Eugène)............. France.
LECAPLAIN (Charles)............ France.
LECAPLAIN (Jean)............. France.
MAGNIEN (Achille)............. France.
PIVER (Pierre)............... France.
SIMON (André)............... France.
STINVILLE (Charles)............ France.
TÉZIER (Auguste)............. France.

Hors concours.

CAYEUX et LE CLERC, à Paris.. France.

Grands prix.

COMPOINT (Guillaume), à Saint-Ouen (Seine). — [Concours permanent et concours temporaires]........... France.
LÉCAILLON, à Montrouge (Seine)....... France.

SOCIÉTÉ DE SECOURS MUTUELS DES JARDINIERS DE LA SEINE, à Paris............. France.
VILMORIN-ANDRIEUX et Cie, à Paris...... France.

Médailles d'or.

ASILE DE VILLE-ÉVRARD (Seine-et-Oise)...... France.
BERTHAULY-COTTARD, à St-Mard, près Dammartin-en-Goële (Seine-et-Marne)........... France.
COMICE D'ENCOURAGEMENT À L'AGRICULTURE ET À L'HORTICULTURE DE SEINE-ET-OISE, à Versailles (Seine-et-Oise)...... France.

DOMINION DU CANADA, Département de l'agriculture (Exposition collective du), à Ottava :
Participants : Province de la Colombie britannique; Province de l'île du Prince-Édouard; Province de Manitoba; Province du Nouveau-Brunswick; Province de la

Nouvelle-Écosse; Province d'Ontario; Province de Québec; Territoires du Nord-Ouest.... Grande-Bretagne.
JANAZ (Alexandre)...... Russie.
PARENT oncle et neveu, à Rueil (Seine-et-Oise). France.
REFUGE DU PLESSIS-PIQUET (Seine).......... France.

Médailles d'argent.

Ballédent (Honoré), à Soissons (Aisne). — [Concours permanent et concours temporaires]........... France.

Bourgeois, à Conches (Eure)........... France.

Chabot, à Saint-Germain-des-Fossés (Allier)... France.

Chambre syndicale des horticulteurs et maraîchers d'Amiens (Somme)............. France.

Costantin et Matruchot, à Paris........... France.

Enot, à la Géroulde (Eure)........... France.

Établissement Saint-Nicolas, à Igny (Seine-et-Oise)........... France.

Franck de Préaumont, à Taverny (Seine-et-Oise). France.

Heude (Denis), à Argenteuil (Seine-et-Oise). — [Concours permanent et concours temporaires]........... France.

Juignet (Edmond), à Argenteuil (Seine-et-Oise). France.

Koulakoff, à Simféropol. Russie.

Pourcher, à Kouba (Algérie)........... France.

Rios (Antonio), à Brédéa (Algérie)........... France.

Rosette, à Caen (Calvados)........... France.

Roucas (François) (Algérie)........... France.

Société agricole et industrielle du Sud Algérien (Algérie)....... France.

Société d'horticulture de l'arrondissement de Valenciennes, à Anzin (Nord)........... France.

Société d'horticulture de Soissons (Aisne)..... France.

Société d'horticulture de Villemomble (Seine-et-Oise)........... France.

Médailles de bronze.

Asile Sainte-Anne, à Paris France.

Bastide (Léon), à Sidi-Bel-Abbès (Algérie).. France.

Bonfils, à Dublineau (Algérie)......... France.

Davy, à Beaufort-en-Vallée (Maine-et-Loire)..... France.

École Fénelon, à Vaujours (Seine-et-Oise).. France.

École Fleury-Meudon, à Meudon (Seine-et-Oise)............. France.

Jacquart, à Rennes (Ille-et-Vilaine)......... France.

Landes (Alfred), à Saint-Pierre (Martinique).. France.

Louis (Joseph), à Montereau (Seine-et-Marne) France.

Meyer (Johannes), à Hambourg........... Allemagne.

Société d'horticulture de Fontenay-le-Comte (Vendée)......... France.

Société régionale d'horticulture de Vincennes (Seine)........... France.

Union horticole de Liège. Belgique.

Wrede, à Lunebourg... Allemagne.

Mentions honorables.

Baltet (Mᵐᵉ Ch.), à Troyes (Aube)........... France.

Bordelet fils aîné, à Rosny-sur-Seine (Seine-et-Oise)........... France.

Casablancas, à Paris.... France.

Contrasty, à St-Hilaire (Lot)........... France.

Chambre de commerce de Naples. — [Concours permanent et concours temporaires]....... Italie.

Finiels, à Nîmes (Gard). France.

Hochard, à Paris...... France.

Jarles, à Méry-sur-Oise (Seine-et-Oise)...... France.

Lassalle, à Paris...... France.

Meslé, à Poissy (Seine-et-Oise)........... France.

Nayroles, à Paris...... France.

Place et Cⁱᵉ, à Paris.... France.

COLLABORATEURS.

Médailles d'argent.

Butté (Pierre), Société de secours mutuels des jardiniers de la Seine.. France.

Deveaux (Henri), maison Vilmorin-Andrieux et Cⁱᵉ............. France.

Druelle (Édouard), maison Vilmorin-Andrieux et Cⁱᵉ............. France.

Haizé (Joseph), Société de secours mutuels des jardiniers de la Seine... France.

Haizé (Louis), Société de secours mutuels des jardiniers de la Seine... France.

Lecaplain (Charles), Société de secours mutuels des jardiniers de la Seine............. France.

Morand (Joseph), Refuge du Plessis-Piquet.... France.

Piat (Léon), maison Vilmorin-Andrieux et Cⁱᵉ............... France.

Picq (Eugène), maison Compoint (Guillaume). France.

Tuffier, Asile de Ville-Évrard........... France.

Médaille de bronze.

Magnieux (Achille), Refuge du Plessis-Piquet.. France.

CONCOURS TEMPORAIRES.

CONCOURS DU 18 AVRIL 1900.

Premiers prix.

Compoint, à Saint-Ouen (Seine). — Asperges.. France.
Vilmorin-Andrieux et Cie, à Paris. — Légumes divers...................................... France.

Deuxièmes prix.

Berthaud - Cottard, à Saint-Mard (Seine-et-Marne). — Fraises forcées.............. France.
Lécaillon, à Montrouge (Seine). — Champignons en meules..... France.
Refuge du Plessis-Piquet (Seine). — Légumes divers............ France.
Société de secours mutuels des jardiniers de la Seine, à Paris. — Légumes divers...... France.

Troisième prix.

Bordelet fils aîné, à Rosny-sur-Seine (Seine-et-Oise). -– Fraises........................... France.

CONCOURS DU 9 MAI 1900.

Premiers prix.

Comice d'encouragement à l'agriculture et à l'horticulture de Seine-et-Oise, à Versailles (Seine-et-Oise). — Asperges blanches........... France.
Compoint, à Saint-Ouen (Seine). — Asperges vertes............. France.
Costantin et Matruchot, à Paris. — Meule de champignons........ France.
Lécaillon, à Montrouge (Seine). — Meule de champignons........ France.
Parent oncle et neveu, à Rueil (Seine-et-Oise). — Fraises forcées.... France.
Parent oncle et neveu, à Rueil (Seine-et-Oise). — Melons......... France.
Vilmorin-Andrieux et Cie, à Paris. — Légumes divers............. France.

Deuxièmes prix.

Franck de Préaumont, à Taverny (Seine-et-Oise) — Fraises forcées... France.
Heude, à Argenteuil (Seine-et-Oise). — Asperges vertes........ France.
Juignet, à Argenteuil (Seine-et-Oise). — Asperges blanches..... France.

Troisièmes prix.

Berthaud - Cottard, à Saint-Mard (Seine-et-Marne). — Fraises forcées........... France.
Bordelet fils aîné, à Rosny-sur-Seine (Seine-et-Oise). — Fraises forcées........... France.
Chabot, à Saint-Germain-des-Fossés (Allier). — Asperges blanches.... France.
Comice d'encouragement à l'agriculture et à l'horticulture de Seine-et-Oise, à Versailles (Seine-et-Oise). — Choux... France.
Franck de Préaumont, à Taverny (Seine-et-Oise). — Champignons............ France.
Heude, à Argenteuil (Seine-et-Oise). — Asperges vertes........ France.
Meslé, au château de Migneaux, par Poissy (Seine-et-Oise).—Fraises forcées........ France.

CONCOURS DU 23 MAI 1900.

Premiers prix.

Berthaud-Cottard, à Saint-Mard (Seine-et-Marne). — Fraises... France.

Compoint, à Saint-Ouen (Seine) — Asperges vertes............. France.

Heude, à Argenteuil (Seine-et-Oise). — Asperges............. France.

Juignet, à Argenteuil (Seine-et-Oise). — Asperges............. France.

Lécaillon, à Montrouge (Seine). — Champignons............. France.

Parent oncle et neveu, à Rueil (Seine-et-Oise). — Fraises......... France.

Parent oncle et neveu, à Rueil (Seine-et-Oise). Melons............. France.

Société de secours mutuels des jardiniers de la Seine. — Légumes divers............. France.

Syndicat d'Argenteuil (Seine-et-Oise). — Asperges vertes........ France.

Vilmorin-Andrieux et Cie, à Paris. — Légumes divers............. France.

Deuxièmes prix.

Bourgeois, à Conches (Eure). — Melons... France.

Franck de Préaumont, à Taverny (Seine-et-Oise). — Fraises.... France.

Franck de Préaumont, à Taverny (Seine-et-Oise). — Melons.... France.

Refuge du Plessis-Piquet (Seine). — Légumes divers............. France.

Société de secours mutuels des jardiniers de la Seine. — Concombres. France.

Syndicat de Bessancourt (Seine-et-Oise). — Asperges............ France.

Syndicat de Franconville (Seine-et-Oise). — Asperges............ France.

Syndicat de Groslay (Seine-et-Oise). — Asperges............ France.

Vilmorin-Andrieux et Cie, à Paris. — Pois..... France.

Vilmorin-Andrieux et Cie, à Paris. — Salades... France.

Troisièmes prix.

Ballédent, à Soissons (Aisne). — Plants d'asperges en végétation.. France.

Comice d'encouragement à l'agriculture et à l'horticulture de Seine-et-Oise, à Versailles (Seine-et-Oise). — Fraises.. France.

Costantin et Matruchot, à Paris. — Champignons............. France.

Heude, à Argenteuil (Seine-et-Oise). — Asperges vertes........ France.

Syndicat de Cergy (Seine-et-Oise). — Asperges. France.

Syndicat de Mantes (Seine-et-Oise). — Asperges. France.

Mentions.

Casablancas, à Paris. — Légumes exotiques... France.

Franck de Préaumont, à Taverny (Seine-et-Oise). — Champignons. France.

Société de secours mutuels des jardiniers de la Seine. — Carottes... France.

Société de secours mutuels des jardiniers de la Seine. — Navets............. France.

Société de secours mutuels des jardiniers de la Seine. — Oignons... France.

CONCOURS DU 13 JUIN 1900.

Premiers prix.

Compoint, à Saint-Ouen (Seine). — Asperges vertes............. France.

Enot, à la Guéroulde (Eure). — Melons... France.

Franck de Préaumont, à Taverny (Seine-et-Oise). — Fraises.... France.

Heude, à Argenteuil (Seine-et-Oise). — Asperges blanches...... France.

Lécaillon, à Montrouge (Seine). — Champignons............. France.

Vilmorin-Andrieux et Cie, à Paris. — Légumes divers............. France.

Vilmorin-Andrieux et Cie, à Paris. — Salades.. France.

Deuxièmes prix.

Berthaud-Cottard, à Saint-Mard (Seine-et-Marne). — Fraises... France.

Costantin et Matruchot, à Paris. — Champignons. France.

Heude, à Argenteuil (Seine-et-Oise). — Asperges vertes....... France.

Vilmorin-Andrieux et Cie, à Paris. — Fèves.... France.

Vilmorin-Andrieux et Cie, à Paris. — Pois..... France.

Troisièmes prix.

Comice d'encouragement à l'agriculture et à l'horticulture de Seine-et-Oise, à Versailles (Seine-et-Oise). — Légumes divers............. France.

Franck de Préaumont, à Taverny (Seine-et-Oise). — Fraises.... France.

Syndicat de Taverny (S.-et-O.) — Asperges blanches France.

Vilmorin-Andrieux et Cie, à Paris. — Variétés de radis............. France.

Mention.

Franck de Préaumont, à Taverny (Seine-et-Oise). — Fraises.................................... France.

CONCOURS DU 27 JUIN 1900.

Premiers prix.

Compoint, à Saint-Ouen (Seine). — Asperges vertes........... France.

Lécaillon, à Montrouge (Seine). — Champignons............. France.

Refuge du Plessis-Piquet (Seine). — Légumes divers............ France.

Société de secours mutuels des jardiniers de la Seine. — Choux-fleurs............. France.

Société de secours mutuels des jardiniers de la Seine. — Légumes divers............ France.

Vilmorin-Andrieux et Cie, à Paris. — Légumes divers............. France.

Deuxièmes prix.

Berthaud-Cottard, à Saint-Mard (Seine-et-Marne). — Fraises... France.

Comice d'encouragement à l'agriculture et à l'horticulture de Seine-et-Oise, à Versailles (Seine-et-Oise). — Légumes divers............. France.

Enot, à la Guéroulde (Eure). — Melons... France.

Refuge du Plessis-Piquet (Seine). — Pommes de terre.......... France.

Société de secours mutuels des jardiniers de la Seine. — Concombres............ France.

Société de secours mutuels des jardiniers de la Seine. — Melons.. France.

Troisièmes prix.

Bourgeois, à Conches (Eure). — Melons.................................... France.

Franck de Préaumont, à Taverny (Seine-et-Oise). — Fraises.................................... France.

CONCOURS DU 18 JUILLET 1900.

Premiers prix.

Chambre syndicale des horticulteurs et maraîchers d'Amiens (Somme). — Légumes divers............. France.

Compoint, à Saint-Ouen (Seine). — Asperges. France.

Costantin et Matruchot, à Paris. — Blanc vierge de champignons..... France.

Lécaillon, à Montrouge (Seine). — Champignons............. France.

Refuge du Plessis-Piquet (Seine). — Légumes divers............ France.

Société de secours mutuels des jardiniers de la Seine. — Choux-fleurs............ France.

Société de secours mutuels des jardiniers de la Seine. — Concombres............. France.

Société de secours mutuels des jardiniers de la Seine. — Légumes divers............ France.

Société de secours mutuels des jardiniers de la Seine. — Melons.. France.

Vilmorin-Andrieux et Cie, à Paris. — Légumes divers............. France.

Deuxièmes prix.

BERTHAUD-COTTARD, à Saint-Mard (Seine-et-Marne). — Fraises... France.

FRANCK DE PRÉAUMONT, à Taverny (Seine-et-

Oise). — Melons, oignons............. France.

REFUGE DU PLESSIS-PIQUET (Seine). — Fraises... France.

REFUGE DU PLESSIS-PIQUET

(Seine). — Pommes de terre............. France.

WREDE, à Lunebourg. — Griffes d'asperges.... Allemagne.

Troisième prix.

CHAMBRE DE COMMERCE DE NAPLES. — Légumes divers... Italie.

Mention.

CASABLANCAS, à Paris. — Melons, aubergines, concombres................................. France.

CONCOURS DU 8 AOÛT 1900.

Hors concours.

CAYEUX et LE CLERC, à Paris. — Cucurbitacées................................... France.

Premiers prix.

COMPOINT, à Saint-Ouen (Seine). — Asperges. France.

LÉCAILLON, à Montrouge (Seine). — Champignons............. France.

VILMORIN-ANDRIEUX et Cie, à Paris. — Concombres............. France.

VILMORIN-ANDRIEUX et Cie, à Paris. — Fraises... France.

VILMORIN-ANDRIEUX et Cie, à Paris. — Légumes divers............. France.

VILMORIN-ANDRIEUX et Cie, à Paris. — Melons... France.

Deuxièmes prix.

BERTHAUD-COTTARD, à Saint-Mard (Seine-et-Marne). — Fraises... France.

FRANCK DE PRÉAUMONT, à Taverny

(Seine-et-Oise). — Fraises............. France.

JACQUANT, à Rennes (Ille-et-Vilaine). — Pommes de terre.......... France.

ROSETTE, à Caen (Calvados). — Fraises..... France.

VILMORIN-ANDRIEUX et Cie, à Paris. — Cucurbitacées............. France.

Troisièmes prix.

NAYROLES, à Paris. — Tomates................................. France.

WREDE, à Lunebourg. — Plants d'asperges................................. Allemagne.

Mentions.

CASABLANCAS, à Paris. — Melons, piments................................. France.

JACQUANT, à Rennes (Ille-et-Vilaine). — Oignons................................. France.

CONCOURS DU 22 AOÛT 1900.

Premiers prix.

COMPOINT, à Saint-Ouen (Seine). — Asperges.. France.

LÉCAILLON, à Montrouge (Seine). — Champignons............. France.

REFUGE DU PLESSIS-PIQUET (Seine). — Légumes divers............. France.

SOCIÉTÉ DE SECOURS MUTUELS DES JARDINIERS DE

LA SEINE. — Légumes divers............. France.

VILMORIN-ANDRIEUX et Cie, à Paris. — Légumes divers............. France.

Deuxièmes prix.

BERTHAUD-COTTARD, à Saint-Mard (Seine-et-Marne). — Fraises... France.

COSTANTIN et MATRUCHOT, à Paris. — Champignons............ France.

DAVY, à Beaufort-en-Vallée (Maine-et-Loire). — Légumes divers... France.

ÉCOLE DE FLEURY-MEUDON (Seine-et-Oise). — Légumes divers....... France.

FRANCK DE PRÉAUMONT, à Taverny (Seine-et-Oise). — Fraises.... France.

JACQUART, à Rennes (Ille-et-Vilaine).—Pommes de terre.......... France.

SOCIÉTÉ RÉGIONALE D'HORTICULTURE DE VINCENNES (Seine). — Ananas.. France.

SOCIÉTÉ DE SECOURS MUTUELS DES JARDINIERS DE LA SEINE. — Choux-fleurs............ France.

SOCIÉTÉ DE SECOURS MUTUELS DES JARDINIERS DE LA SEINE. — Melons............. France.

VILMORIN-ANDRIEUX et Cie, à Paris. — Aubergines. France.

VILMORIN-ANDRIEUX et Cie, à Paris. — Choux pommés........... France.

VILMORIN-ANDRIEUX et Cie, à Paris. — Tomates.. France.

Troisièmes prix.

FRANCK DE PRÉAUMONT, à Taverny (Seine-et-Oise). — Melons................................... France.

JACQUART, à Rennes (Ille-et-Vilaine). — Haricots... France.

Mentions.

BALLÉDENT, à Soissons (Aisne). — Plants de fraisiers.......... France.

JACQUART, à Rennes (Ille-et-Vilaine). — Radis. France.

JACQUART, à Rennes (Ille-et-Vilaine). — Oignons............ France.

NAYROLES, à Paris. — Tomates, fraises....... France.

SOCIÉTÉ DE SECOURS MUTUELS DES JARDINIERS DE LA SEINE. — Concombres............. France.

CONCOURS DU 12 SEPTEMBRE 1900.

Premiers prix.

ASILE DE VILLE-ÉVRARD (Seine-et-Oise). — Légumes divers...... France.

BERTHAUD-COTTARD, à Saint-Mard (Seine-et-Marne). — Fraises... France.

COMPOINT, à Saint-Ouen (Seine). — Asperges blanches.......... France.

COMPOINT, à Saint-Ouen (Seine). — Asperges vertes........... France.

FRANCK DE PRÉAUMONT, à Taverny (Seine-et-Oise). — Fraises, melons... France.

LÉCAILLON, à Montrouge (Seine). — Champignons............ France.

VILMORIN-ANDRIEUX et Cie, à Paris. —Aubergines, piments........... France.

VILMORIN-ANDRIEUX et Cie, à Paris. — Cucurbitacées............. France.

VILMORIN-ANDRIEUX et Cie, à Paris. — Légumes variés........... France.

Deuxièmes prix.

COSTANTIN et MATRUCHOT, à Paris. — Champignons............ France.

DAVY, à Beaufort-en-Vallée (Maine-et-Loire). — Oignons, ail, poireaux. France.

JACQUART, à Rennes (Ille-et-Vilaine). — Légumes divers........ France.

Troisièmes prix.

DAVY, à Beaufort-en-Vallée (Maine-et-Loire). — Tomates........ France.

FINIELS, à Nîmes (Gard). — Pommes de terre.. France.

JACQUART, à Rennes (Ille-et-Vilaine).—Haricots. France.

WREDE, à Lunebourg. — Plants d'asperges.... Allemagne.

Mentions.

SYNDICAT DE LINAS (Seine-et-Oise). — Légumes divers................... France.

SYNDICAT DE SARCELLES (Seine-et-Oise). — Légumes divers.................... France.

CONCOURS DU 26 SEPTEMBRE 1900.

Premiers prix.

ASILE DE VILLE-ÉVRARD (Seine-et-Oise). — Légumes divers...... France.

BERTHAUD-COTTARD, à Saint-Mard (Seine-et-Marne). — Fraises... France.

COMPOINT, à Saint-Ouen, (Seine). — Asperges blanches.......... France.

COMPOINT, à Saint-Ouen (Seine). — Asperges vertes............ France.

LÉCAILLON, à Montrouge (Seine). — Champignons............. France.

MINISTÈRE DE L'AGRICULTURE ET DES DOMAINES DE RUSSIE, Département de l'agriculture. — Pastèques.......... Russie.

PARENT oncle et neveu, à Rueil (Seine-et-Oise). — Fraises........ France.

REFUGE DU PLESSIS-PIQUET (Seine). — Légumes divers............ France.

SOCIÉTÉ D'HORTICULTURE DE SOISSONS (Aisne). — Légumes divers...... France.

SOCIÉTÉ D'HORTICULTURE DE VILLEMOMBLE (Seine). — Légumes divers... France.

SOCIÉTÉ DE SECOURS MUTUELS DES JARDINIERS DE LA SEINE. — Choux-fleurs............. France.

SOCIÉTÉ DE SECOURS MUTUELS DES JARDINIERS DE LA SEINE. — Légumes divers............ France.

VILMORIN-ANDRIEUX et Cⁱᵉ, à Paris. — Choux... France.

VILMORIN-ANDRIEUX et Cⁱᵉ, à Paris. — Légumes divers............ France.

VILMORIN-ANDRIEUX et Cⁱᵉ, à Paris. — Salades... France.

Deuxièmes prix.

ÉTABLISSEMENT SAINT-NICOLAS, à Igny (Seine-et-Oise).—Légumes divers. France.

ÉTABLISSEMENT SAINT-NICOLAS, à Igny (Seine-et-Oise). — Salades.. France.

MEYER (Johannes), à Hambourg.—Légumes divers............ Allemagne.

REFUGE DU PLESSIS-PIQUET (Seine). — Cucurbitacées............. France.

UNION HORTICOLE DE LIÉGE. — Oignons, poireaux. Belgique.

VILMORIN-ANDRIEUX et Cⁱᵉ, à Paris. — Oignons, poireaux........... France.

Troisièmes prix.

COMICE D'ENCOURAGEMENT À L'AGRICULTURE ET À L'HORTICULTURE DE SEINE-ET-OISE, à Versailles (Seine-et-Oise). — Légumes divers............ France.

ÉTABLISSEMENT SAINT-NICOLAS, à Igny (Seine-et-Oise). — Choux... France.

ÉTABLISSEMENT SAINT-NICOLAS, à Igny (Seine-et-Oise). — Poirées, cardes............. France.

Mentions.

BALLÉDENT, à Soissons (Aisne). — Plants d'asperges... France.

THAUREAU, à Cergy (Seine-et-Oise). — Légumes divers.. France.

CONCOURS DU 10 OCTOBRE 1900.

Premiers prix.

BERTHAUD-COTTARD, à Sᵗ-Mard (Seine-et-Marne). — Fraises......... France.

COMPOINT, à Saint-Ouen (Seine). — Asperges blanches.......... France.

COMPOINT, à Saint-Ouen (Seine). — Asperges vertes............ France.

ÉTABLISSEMENT SAINT-NICOLAS, à Igny (Seine-et-Oise). — Légumes divers............ France.

LÉCAILLON, à Montrouge (Seine). — Champignons............. France.

PARENT oncle et neveu, à Rueil (Seine-et-Oise). — Fraises........ France.

SYNDICAT DE CERGY (Seine-et-Oise). — Légumes divers............ France.

VILMORIN-ANDRIEUX et Cⁱᵉ, à Paris. — Cucurbitacées............. France.

VILMORIN-ANDRIEUX et Cⁱᵉ, à Paris. — Légumes divers............ France.

VILMORIN-ANDRIEUX et Cⁱᵉ, à Paris. — Salades.. France.

Deuxièmes prix.

Berthaud-Cottard, à St-Mard (Seine-et-Marne). — Andives......... France.

Établissement Saint-Nicolas, à Igny (Seine-et-Oise). — Cucurbitacées............ France.

Louis (J.), au château de la Brosse (Seine-et-Marne). — Légumes divers............. France.

Place et Cie, à Paris. — Légumes divers...... France.

Rosette, à Caen (Calvados). — Fraises..... France.

Société d'horticulture de Fontenay-le-Comte (Vendée). — Légumes divers............ France.

Troisièmes prix.

Établissement Saint-Nicolas, à Igny (Seine-et-Oise). — Pommes de terre..................... France.

Syndicat de Cergy (Seine-et-Oise). — Légumes divers................................. France.

Mention.

Casablancas, à Paris. — Légumes divers... France.

CONCOURS DU 24 OCTOBRE 1900.

Premiers prix.

Asile de Ville-Évrard (Seine-et-Oise). — Légumes divers....... France.

Berthaud-Cottard, à St-Mard (Seine-et-Marne). — Fraises......... France.

Compoint, à Saint-Ouen (Seine). — Asperges blanches........... France.

Compoint, à Saint-Ouen (Seine). — Asperges vertes............. France.

Établissement Saint-Nicolas, à Igny (Seine-et-Oise). — Légumes divers............ France.

Franck de Préaumont, à Taverny (Seine-et-Oise). — Fraises..... France.

Lécaillon, à Montrouge (Seine). — Champignons............. France.

Parent oncle et neveu, à Rueil (Seine-et-Oise). — Fraises......... France.

Refuge du Plessis-Piquet (Seine). — Choux pommés........... France.

Refuge du Plessis-Piquet (Seine). — Légumes divers............ France.

Société d'horticulture de

Valenciennes, à Anzin (Nord). — Légumes.. France.

Société de secours mutuels des jardiniers de la Seine. — Choux-fleurs............ France.

Société de secours mutuels des jardiniers de la Seine. — Légumes divers............ France.

Vilmorin-Andrieux et Cie, à Paris. — Légumes divers............. France.

Vilmorin-Andrieux et Cie, à Paris. — Pommes de terre........... France.

Deuxièmes prix.

Asile Sainte-Anne, à Paris. — Légumes divers............. France.

Costantin et Matruchot, à Paris. — Champignons............ France.

École Fénelon, à Vau-

jours (Seine-et-Oise). — Cucurbitacées.... France.

École Fénelon, à Vaujours (Seine-et-Oise). — Légumes divers... France.

École Fénelon, à Vaujours (Seine-et-

Oise). — Pommes de terre........... France.

Rosette, à Caen (Calvados). — Fraises..... France.

Syndicat de Gagny (Seine-et-Oise). — Choux de Bruxelles........ France.

Troisième prix.

Établissement Saint-Nicolas, à Igny (Seine-et-Oise). — Poireaux, oignons..................... France.

Mentions.

Casablancas, à Paris. — Légumes exotiques... France.

Constraty, à Saint-Hilaire (Lot). — Pommes de terre........... France.

Hochard, à Paris. — Légumes............ France.

Place et Cie, à Paris. — Légumes.......... France.

Syndicat de Bessancourt (Seine-et-Oise). — Légumes divers....... France.

CLASSE 45.

Arbres fruitiers et fruits.

LISTE DU JURY.

BALTET (Charles), *président* . . . . France.
KOULAKOF (Pierre), *vice-président*. . . Russie.
LEROY (Louis-Anatole), *rapporteur* . . France.
LOISEAU (Léon). *secrétaire* . . . . France.
BRACKETT (M.-G.-B.). . . . . États-Unis.
COULOMBIER père . . . . France.
DELAVILLE (Alexandre). . . . . France.
EMLAYS (L.-A.) . . . . États-Unis.
HAMILTON (Robert). . . . . Grande-Bretagne.

JAMIN (Ferdinand). . . . . France.
MARCEL (Cyprien) . . . . France.
NANOT (Jules) . . . . France.
OPOIX (Octave) . . . . France.
RIVIÈRE (Gustave). . . . . France.
SEIDEL (T.-J.-Rudolph) . . . . Allemagne.
TAYLOR (William-A.) . . . . États-Unis.
VITRY (Désiré) . . . . France.

EXPERTS.

BAZIN (Charles). . . . . France.
BESSON (Pierre). . . . . France.
BIDAULT (Émile) . . . . France.
CHARTON (Désiré). . . . . France.
CHEVALLIER (Charles). . . . . France.
CHEVREAU (Arthur). . . . . France.
CHEVREAU (Louis). . . . . France.
CHOUTEAU (Auguste) . . . . France.
CONGY (F.) . . . . France.
CRAPOTTE (Henri). . . . . France.
CRÉMONT (Émile) . . . . France.
DECUGIS (Marius). . . . . France.
DELAIRE (Eugène) . . . . France.
DESFOSSÉ (Henri). . . . . France.
FAUQUET (Eugène). . . . . France.
FONTAINE (Lucien) . . . . France.
GAGARINE (Prince Anatole). . . . . Russie.

GOYER (René). . . . . France.
ITCHIKAWA (Y.) . . . . Japon.
JACQUIER (Claude). . . . . France.
JAUNEAU. . . . . France.
JOURDAIN (Georges) . . . . France.
LARDIN (Arthur). . . . . France.
LATOUR (Jules). . . . . France.
LEROUX (Eugène) . . . . France.
LOCHOT (Jules) . . . . Bulgarie.
MARINIER (Louis). . . . . France.
PASSY (Pierre). . . . . France.
RAGAINE (P.) . . . . France.
RETROU (Louis-Joseph). . . . . France.
SIMON (Léon). . . . . France.
SPÉRANSKY (Général). . . . . Russie.
TESTARD (Auguste) . . . . France.
TRICAUD (Pierre). . . . . France.

Hors concours.

BALTET (Charles), à Troyes (Aube). — [Concours permanent et concours temporaires] . . . . France.
BESSON fils, à Marseille (Bouches-du-Rhône). — [Concours permanent et concours temporaires]. . . . . France.
COMPAGNIE FRANÇAISE DU CONGO OCCIDENTAL, à Paris [Congo français] . . . . France.

CRAPOTTE (Henri), à Conflans-Sainte-Honorine (Seine-et-Oise). . . . . France.
CROUX et fils, à Chatenay (Seine). — [Concours permanent et concours temporaires]. . . . . France.
JAMIN (Ferdinand), à Bourg-la-Reine (Seine). . . . . France.
LATOUR (Jules), à Surville (Calvados). . . France.

Grands prix.

ARBRES FRUITIERS ET FRUITS DE CRIMÉE (Exposition collective d') . . . . Russie.
ATTEMS (Comte Henry d') . . . . Autriche.
BOUCHER (G.), à Paris. — [Concours permanent et concours temporaires] . . . . France.

BRUNEAU (Désiré), à Bourg-la-Reine (Seine). — [Concours permanent et concours temporaires] . . . . France.
CHAMBRE DE COMMERCE DE NAPLES . . . . Italie.
CERCLE ROYAL D'ARBORICULTURE DE LIÈGE. . Belgique.

Comice d'encouragement à l'agriculture et à l'horticulture de Seine-et-Oise (Exposition collective du):
Participants : Cercle d'arboriculture de Montmorency; Société d'horticulture d'Argenteuil; Société d'horticulture de Meulan; Syndicat de Bessancourt; Syndicat de Conflans-Sainte-Honorine; Syndicat de Deuil; Syndicat de Franconville; Syndicat de Gagny; Syndicat de Groslay; Syndicat de Linas; Syndicat de Louveciennes; Syndicat de Mantes; Syndicat de Mareil-Marly; Syndicat de Montesson; Syndicat de Sannois; Syndicat de Sarcelles; Syndicat de Taverny .... France.

Comité diétal styrien, à Graz .... Autriche.

Comité des horticulteurs allemands .... Allemagne.

Comité des pomologistes allemands ..... Allemagne.

Commission de l'état de Californie ..... États-Unis.

Commission de l'état de New-York ...... États-Unis.

Cordonnier et fils, à Bailleul (Nord) ... France.

Defresne (Honoré) fils, à Vitry-sur-Seine (Seine). — [Concours permanent et concours temporaires] .... France.

Département de l'agriculture, Division pomologique, à Washington .... États-Unis.

Dominion of Canada, Département d'agriculture, à Ottava (Canada). — [Concours permanent et concours temporaires] .... Grande-Bretagne.

École de Fleury-Meudon, à Meudon (Seine-et-Oise) .... France.

Fermes expérimentales du Canada .. Grande-Bretagne.

Forceries de l'Aisne, à Quessy (Aisne) .. France.

Jardin impérial de Nikita .... Russie.

Kapoustine frères, à Aloushta .... Russie.

Ladé (Baron de), à Geisenheim .... Allemagne.

Millet et fils, à Bourg-la-Reine (Seine). France.

Ministère de l'agriculture et des domaines, Département d'agriculture ... Russie.

Ministère des colonies, Jardin colonial .. France.

North Carolina department of agriculture .... États-Unis.

Parent oncle et neveu, à Rueil (Seine-et-Oise) .... France.

Province de Nova Scotia (Canada). Grande-Bretagne.

Province d'Ontario (Canada) .... Grande-Bretagne.

Province de Québec (Canada) .... Grande-Bretagne.

Salomon et fils, à Thomery (Seine-et-Marne). — [Concours permanent et concours temporaires] .... France.

Société d'arboriculture de Russie, Section de Karassoubazar .... Russie.

Société horticole, vigneronne et forestière de l'Aube, à Troyes (Aube) .... France.

Société d'horticulture de l'état d'Illinois, à Savoy .... États-Unis.

Société d'horticulture de l'état de Missouri, à Westport .... États-Unis.

Société impériale d'horticulture de Russie, Section de Simféropol. — [Concours permanent et concours temporaires]. Russie.

Société pomologique Pinneberg Holstein. Allemagne.

Société pomologique de la province de Québec (Canada). — [Concours permanent et concours temporaires] .. Grande-Bretagne.

Société régionale d'horticulture de Montreuil-sous-Bois (Seine) .... France.

« Union horticole de Liège (L') » ...... Belgique.

Médailles d'or.

Abelin (Rudolf), à Norrviken .... Suède.

Alpi (F.) et Cie, à Gorice. Autriche.

Association agricole, à Gralla, près Leibnitz .. Autriche.

Association agricole Rothwein, près Marburg .. Autriche.

Association de producteurs fruitiers, à Sachsenfeld, près Cilli .... Autriche.

Assortiment provincial de l'association de culture fruitière de la Styrie centrale, à Graz .... Autriche.

Assortiment provincial de Bukowine .... Autriche.

Assortiment provincial de la société allemande de culture fruitière et de viticulture, à Brünn. Autriche.

Assortiment provincial de la société I. et R. d'horticulture de Gorice .... Autriche.

Audibert (Jacques), à la Crau (Var). — [Concours permanent et concours temporaires] .... France.

Babcock (Col. E.-F.), à Waitsburg .... États-Unis.

Baltet (Ernest), à Troyes (Aube) .... France.

Baltet (Lucien), à Troyes (Aube) .... France.

Banque d'état, Domaine de Bouroultcha, à Simféropol .... Russie.

Batho (W.-J.), à Londres. Grande-Bretagne.

Bengleroff (O.), à Karassoubazar .... Russie.

Blakely (L.-M.), à Lyons. États-Unis.

Boivin (Léopold), à Louveciennes (Seine-et-Oise). — [Concours permanent et concours temporaires] .... France.

Brandis (Comte), à Méran .. .. Autriche.

Brome county horticultural society. . Grande-Bretagne.

Burlington horticultural society ...... Grande-Bretagne.

Campitelli, à Parenzo ... Autriche.

Carnet (Léon), au Mesnil-Amelot (Seine-et-Marne). — [Concours permanent et concours temporaires] .... France.

Chevillot, à Thomery (Seine-et-Marne) .... France.

Commission locale de l'exposition, à Puebla ... Mexique.

Deseine (Émile), à Bougival (Seine-et-Oise) .. France.

Dougoudjyeff frères, à Karassoubazar, ... Russie.

Dunlap (H.-M.), à Savoy. États-Unis.

Dzubine (M.-A.), à Siméropol............ Russie.

Echtermeyer, à Postdam. Allemagne.

École agronomique, à Giçin............ Autriche.

École pratique de l'état, à Kurtendil........ Bulgarie.

École provinciale de Hems. Autriche.

École royale de pomologie et d'horticulture de Florence........... Italie.

Elwanger and Barry, à Rochester........... États-Unis.

Établissement Saint-Nicolas, à Igny (Seine-et-Oise)............ France.

Fruit growers association Abbotsford.... Grande-Bretagne.

Fruit growers association of Nova Scotia (Canada)..... Grande-Bretagne.

Fruit growers association of Ontario (Canada)........ Grande-Bretagne.

Georges (Alphonse), à Vitry (Seine)....... France.

Goderich horticultural society...... Grande-Bretagne.

Gouvernement de l'état de Durango........... Mexique.

Gouvernement de l'état de Puebla........... Mexique.

Gouvernement de l'état de Tabasco, à San Juan Bautista.......... Mexique.

Grimsby horticultural society...... Grande-Bretagne.

Heiss (Hans), à Brixen.. Autriche.

Huslik (Guillaume), à Graz............ Autriche.

Idaho state horticultural society........ États-Unis.

Indiana state horticultural society...... États-Unis.

Inspectorat du jardin du prince Moritz Lobkovitz, à Eisenberg.... Autriche.

Iowa state horticultural society........... États-Unis.

Jardin botanique de Palerme............ Italie.

Kansas state horticultural society...... États-Unis.

Korwatzky (André et Marie), à Mélitopol.. Russie.

Kreisverein, à Bautzen.. Allemagne.

Landes (Martinique).... France.

Lapierre et fils, au Grand-Montrouge (Seine)... France.

Lecointe, à Louveciennes (Seine-et-Oise).—[Concours permanent et concours temporaires]... France.

Leconte (H.-J.) aîné, à Paris.—[Concours permanent et concours temporaires]........ France.

Ledoux (Alexandre), à Fontenay-sous-Bois (Seine)........... France.

Lington........ Grande-Bretagne.

Lobkowitz (Prince Ferdinand), à Prague..... Autriche.

Lobkowitz (Prince Moritz, duc de Raudnitz).... Autriche.

Luquet (Eugène), à Thomery (Seine-et-Marne). France.

Michigan agricultural experiment station... États-Unis.

Ministère du commerce et de l'agriculture, à Sofia Bulgarie.

Ministère du commerce, de l'industrie, de l'agriculture et des domaines. Roumanie.

Ministère de Fomento... Mexique.

Missiquoi horticultural society...... Grande-Bretagne.

Montreal horticultural society, à Montréal (Canada)..... Grande-Bretagne.

Moreau (Théodule), à Fontenay-sous-Bois (Seine)........... France.

Mottheau (Alfred), à Thorigny (Seine-et-Marne). France.

Navrotsky (Mme O.-P.), à Romny........... Russie.

Nebraska state horticultural society....... États-Unis.

New-York agricultural experiment station.... États-Unis.

Office central pour le commerce des fruits en Basse-Autriche...... Autriche.

Ohio state horticultural society........... États-Unis.

Ontario agricultural college (Canada). Grande-Bretagne.

Oulrikh (W.), à Varsovie. Russie.

Ozarck Orchard company, à Kansas-City...... États-Unis.

Paillet fils, à Chatenay (Seine).—[Concours permanent et concours temporaires]....... France.

Pastak (Abraham), à Siméropol........... Russie.

Perdoux (Gabriel), à Bergerac (Dordogne).... France.

Perrine (I.-B.), à Blue-Lakes........... États-Unis.

Pirc (Gustave), à Laibach. Autriche.

Pogojev (Simon), à Toula. Russie.

Province of British Columbia (Canada). Grande-Bretagne.

Province of New Brunswick (Canada). Grande-Bretagne.

Province of Prince Edward Island (Canada). Grande-Bretagne.

Rothberg, à Gennevilliers (Seine). — [Concours permanent et concours temporaires]........ France.

Rovelli frères, à Pallanza............ Italie.

Sadron (O.), à Thomery (Seine-et-Marne).... France.

Sariban (Les héritiers), à Aloushta.......... Russie.

Selinoff (Jean), à Karassoubazar........... Russie.

Service de l'agriculture de Madagascar, à Tananarive (Madagascar). France.

Shishmann (Elis) et Bobowitch (Emmanuel), à Karassoubazar....... Russie.

Simirenko (Léon)...... Russie.

Société d'agriculture, à Voralberg.......... Autriche.

Société d'agriculture de Gorice............ Autriche

Société des horticulteurs de Nantes (Loire-Inférieure)............ France.

Société d'horticulture et de botanique du centre de la Normandie, à Lisieux (Calvados)... France.

Société d'horticulture et de botanique du Havre (Seine-Inférieure).... France.

Société d'horticulture du comté de l'Islet.. Grande-Bretagne.

Société d'horticulture de Cracovie.......... Autriche.

Société d'horticulture de Limoges (Haute-Vienne). France.

Société d'horticulture d'Orléans et du Loiret. France.

Société d'horticulture et de petite culture de Soissons (Aisne)..... France.

Société d'horticulture de Picardie, à Amiens (Somme).......... France.

Société d'horticulture de Pont-l'Évêque (Calvados)........... France

Société d'horticulture de Valenciennes (Nord).. France.

Société impériale d'horticulture de Russie, Section du Caucase, à Tiflis............ Russie.

Société nantaise d'horticulture, à Nantes (Loire-Inférieure).... France.

Société pomologique de la Basse-Autriche...... Autriche.

Société régionale d'horticulture de Vincennes (Seine)........... France.

Société silésienne de culture fruitière, à Troppau............. Autriche.

Stratford horticultural society....... Grande-Bretagne.

Syndicat des producteurs, à Méran........... Autriche.

Syndicat de Thomery (Seine-et-Marne).... France.

Venuti (Pietro), à Gorice. Autriche.

Vincenheller (W.-G.), à Fayetteville....... États-Unis.

Virginia state horticultural society....... États-Unis.

Whir (Henri), à Deuil (Seine-et-Oise)...... France.

Wibmer (Rodolphe-François), à Pettau...... Autriche.

Médailles d'argent.

Aldrich (H.-A.), à Neoga. États-Unis.

Alexeieff (J.-J.), à Astrakan............. Russie.

Arène (Casimir), à Solliès-Pont(Var).—[Concours permanent et concours temporaires]. France.

Arlington Heights fruit company, à Riverside. États-Unis.

Asile clinique Sainte-Anne, à Paris....... France.

Asile de Ville-Évrard (Seine-et-Oise)...... France.

Association des apiculteurs, à Belgrade.... Serbie.

Association provinciale salzbourgeoise...... Autriche.

Bell (D.-K.), à West-Brighton........... États-Unis.

Bisson, à Alençon (Orne). France.

Boutkoff (S.-M.), à Astrakan............ Russie.

Brisard (Louis), à Saint-Hilaire - les - Mortagne (Orne). —[Concours permanent et concours temporaires]........ France.

Brunner (Josef), à Schenna, près Méran..... Autriche.

Burton (Joseph-A.), à Orléans............ États-Unis.

Castox (G.-C.)... Grande-Bretagne.

Charmeux, à Thomery (Seine-et-Marne).... France.

Charollois, à la Montée-Noire (Saône-et-Loire). France.

Commune de Weimersheim. Allemagne.

Connecticut pomological society.......... États-Unis.

Conseil de culture de l'archiduché d'Autriche............. Autriche.

Constantinowitch (Marc), à Moscou......... Russie.

Curwin (H.)..... Grande-Bretagne.

Dalphix, à Villemomble (Seine)........... France.

Delamé, à Bosmont (Aisne)........... France.

Dempsey (J.).... Grande-Bretagne.

École Féxelon, à Vaujours (Seine-et-Oise).. France.

École d'horticulture de Charles Zawada..... Russie.

École de Villepreux (Seine-et-Oise)...... France.

Edwards (G.-B.).. Grande-Bretagne.

Exot (Léon), à la Guéroulde (Eure)....... France.

Eve, à Bagnolet (Seine). France.

Farmers produce association of Delaware.... États-Unis.

Février, à Rungis (Seine). France.

Fischer (R.), à Freinhagen-les-Cassel...... Allemagne.

Fosselman (C.-S.), à Weyser.............. États-Unis.

Fruit growers association of British Columbia (Canada)..... Grande-Bretagne.

Gaucher (X.), à Stuttgart. — [Concours permanent et concours temporaires].......... Allemagne.

Ghio frères, à Bastia (Corse)........... France.

Gindre (Félix), à Monaco. Monaco.

Giraut (Camille), à Thomery (Seine-et-Marne). France.

Glasenap (Serge-P.), à Saint-Pétersbourg.... Russie.

Gleason (P.), à Leroy. États-Unis.

Gomox (Toussaint), à Epinay (Seine)...... France.

Gouvernement de l'état de Oaxaca......... Mexique.

Gravier (Alfred), à Vitry-sur-Seine (Seine).... France.

Green (C.-F.-H.), à Vogelsang-Grünholz.... Allemagne.

Hagar (L.-L.)... Grande-Bretagne.

Hage, à Courtrai...... Belgique.

Haller (Johann), à Porst. Autriche.

Henrioulle (Émile), à Bovelingen........ Belgique.

Herbert - Post, à Fort-Worth............. États-Unis.

Horticultural society of Winnipeg (Canada). G^{de}-Bretagne.

Howard (A.-Chase), à Pocona............. États-Unis.

Husbands (Joseph), à Léanderville.......... États-Unis.

Johnson (George). Grande-Bretagne.

Jourdain père, à Maurecourt (Seine-et-Oise). France.

Jullet, à Liège...... Belgique.

Labitte, à Clermont (Oise). France.

Lavergne, à Issy-les-Moulineaux (Seine)...... France.

Lebedeff (Th.-N.), à Astrakan............. Russie.

Lecolte (Victor), à Quincy-Ségy (Seine-et-Marne). France.

Legouey (Mme), à Pomponne (Seine-et-Oise). France.

Legrand de Belleroche (Mme) (Martinique).. France.

Leroux, à Travecy (Aisne). France.

Liendl (Joseph), à Maria-Saal.............. Autriche.

Louis (Joseph), au château de la Brosse, par Montereau (Seine-et-Marne)............ France.

Lupton (S.-L.), à Winchester............. États-Unis.

Maine state pomological society.......... États-Unis.

Maxoff (M.), à Karassoubazar............ Russie.

Mari (Antoine), à Nice (Alpes-Maritimes).... France.

Marino (François), à Palerme............. Italie.

Merenkoff (W.-P.), à Borovsk............ Russie

Michin, à Thomery (Seine-et-Marne).......... France.

Moses (H.-Cone), à Blowing Rock........ États-Unis.

Muller (Antoni), à Nancy (Meurthe-et-Moselle). France.

Municipalité de Wolfsberg............ Autriche.

Murrell (Géo-E.), à Fontella............ États-Unis.

Nelson (A.) and Cᵒ, à Lebanon........... États-Unis.

Newby (T.-T.), à Carthage. États-Unis.

New Mexico college of agriculture........ États-Unis.

Omont, à Bourgtheroulde (Eure)............ France.

Orive, à Villeneuve-le-Roi (Seine-et-Oise) .. France.

Orr (W.-M.).... Grande-Bretagne.

Owen Sound horticultural society.. Grande-Bretagne.

Padligska (Étienne), à Budapest.......... Hongrie.

Pathouot (Jacques), à Corbigny (Nièvre) ... France.

Perrun (A.), à Dresde. — [Concours permanent et concours temporaires]........... Allemagne.

Pelissier fils, à Châteaurenard (Bouches-du-Rhône)........... France.

Pellerin (Arnoult), à Bagnolet (Seine) ...... France.

Peninsular horticultural society........... États-Unis.

Perrotin, à Angoulême (Charente)......... France.

Pettit (A.-J.).... Grande-Bretagne.

Pinard frères, à Staouëli (Algérie).......... France.

Pinguet-Guindon, à Tours (Indre-et-Loire). — [Concours permanent et concours temporaires]........... France.

Pinquet (Baron Silvério), à Hirschstetten...... Autriche.

Place et Cⁱᵉ, à Paris. — [Concours permanent et concours temporaires].......... France.

Prenveille, à Saint-Just-en-Chaussée (Oise). — [Concours permanent et concours temporaires]. France.

Puttemans, à Tirlemont . Belgique.

Quebec horticultural society (Canada). Grande-Bretagne.

Refuge du Plessis-Piquet (Seine)........... France.

Rohonczy (Gédéon de), à Török-Becse........ Hongrie.

Rouault, à Rennes (Ille-et-Vilaine)........ France.

Rousseau, à Cissoy (Seine-et-Marne).......... France.

Roux de Baduillac (Algérie)............ France.

Ruetz (Raimond), à Méran.............. Autriche.

Ruprecht (J.) und Söhne, à Lindau.......... Allemagne.

Santelli, à Orly (Seine). France.

Savant (Charles), à Bagnolet (Seine) ...... France.

Sculick (Comte Erwin), à Kopidlno......... Autriche.

Séelan (Ferdinand), à Carinthie............ Autriche.

Shaw (Fred), à Summer-Hill.............. États-Unis.

Sherongton (A.-E.).... Gᵈᵉ-Bretagne.

Siesmayer frères, à Francfort.............. Allemagne.

Société agricole et industrielle du Sud Algérien, à Paris [Algérie]............ France.

Société d'agriculture de Belgrade .... Serbie.

Société horticole de Lindau............... Allemagne.

Société d'horticulture de Boulogne-sur-Seine (Seine)............ France.

Société d'horticulture de Dammartin (Seine-et-Marne)............ France.

Société d'horticulture de Douai (Nord)........ France.

Société d'horticulture de Fontenay-le-Comte (Vendée) .... France.

Société d'horticulture du Loir-et-Cher, à Blois (Loir-et-Cher)....... France.

Société d'horticulture de Mâcon (Saône-et-Loire). France.

Société d'horticulture du Puy-de-Dôme, à Clermont-Ferrand (Puy-de-Dôme)............ France.

Société d'horticulture de Sedan (Ardennes).... France.

Société d'horticulture de Villemomble (Seine).. France.

Société d'horticulture de Vimoutiers (Orne) ... France.

Société d'horticulture d'Yvetot (Seine-Inférieure)............ France.

Société I. et R. d'agriculture de Carinthie.... Autriche.

Société pomologique de Werder, à Havel.... Allemagne.

Société de Québec (Canada) .... Grande-Bretagne.

Souvoroff (Mᵐᵉ N.-W.), à Riazan........... Russie.

Smith (A.-M.)... Grande-Bretagne.

Starr (A.-C.) ... Grande-Bretagne.

Starr (C.-R.).... Grande-Bretagne.

Stuart pecan company, à Ocean Spring....... États-Unis.

Taïoursky (V.-V.), à Simféropol............ Russie.

Tcherbina (P.-S.), à Simféropol............ Russie.

Tessier (Arthur), à Veneux-Nadon (Seine-et-Marne)............ France.

«Union horticole de Nogent-sur-Marne» (L').. France.

Vignobles de Rishon-le-Zion, près Jaffa...... Turquie.

Warnock (W.)... Grande-Bretagne.

West Virginia state horticultural society.... États-Unis.

Wieser (Joseph), à Méran............... Autriche.

Winn (C.-C.), à Griggville............ États-Unis.

Woldert Crocery, à Tiller. États-Unis.

Wood (C.-B.), à Washington............ États-Unis.

Wright (Ch.), à Seaford. États-Unis.

Young (B.-M.), à Morgan City............ États-Unis.

Young (W.-A.), à Butler. États-Unis.

Médailles de bronze.

Agricultural college, à Guelf (Canada). Grande-Bretagne.

Ali-Kourtpédinoff, à Aloushta........... Russie.

Andry, à Thomery (Seine-et-Marne)......... France.

Archibald (W.-C.). Grande-Bretagne.

Aubertin (A.).... Grande-Bretagne.

Baeza (Miguel), à Almeira.............. Espagne.

Baeza (Rogelio), à Almeira.............. Espagne.

Baier (Phil.-M.), à Porterville............ États-Unis.
Beatty (J.)..... Grande-Bretagne.
Bradley (J.-Elmer), à Lyons............ États-Unis.
Brennan (J.-J.).. Grande-Bretagne.
Bureau, à Thomery (Seine-et-Marne).... France.
Bureau du jardinage des bénédictins, à Klosterneubourg.......... Autriche.
Burt (J.-K.)..... Grande-Bretagne.
Casablancas, à Paris... France.
Casino Mittes, à Arensdorf............ Autriche.
Centurion (Mariano).... Mexique.
Clavel, au Beausset (Var). France.
Commune de Gabsheim... Allemagne.
Delafosse (Charles), à Lady-Mormant (Seine-et-Marne)......... France.
Delmas (A.-G.), à Séranton............... États-Unis.
Delos (Tenny), à Hilton. États-Unis.
Département de la Morava............ Serbie.
Département de Nisch.. Serbie.
Dermigny (Albert), à Noyon (Oise)....... France.
Driese, à Gross-Cammin. Allemagne.
Drugger (M.)......... Autriche.
Dunlop (W.-W.), à Oultremont...... Grande-Bretagne.
Dunsmore (W.-A.), à Stratford........ Grande-Bretagne.
Elbe (Antoine), à Hunenbrünn............. Autriche.
Fisk (J.-M.), à Abbotsford........ Grande-Bretagne.
Frost (George), à Porterville........... États-Unis.
Fuller (H.-E.), à Riverside............. États-Unis.
Furze (S.)...... Grande-Bretagne.
Gessler (Sébastien), à Krems........... Autriche.
Gorbagne, à Kiev...... Russie.
Grusse-Dagneaux, à Enghien (Seine-et-Oise). France.
Guenne (Joseph), à Bécon-les-Bruyères (Seine).. France.

Guillemard (Camille), à Manéglise (Seine-Inférieure)............ France.
Harris (W.-R.), à Tecumseh............ États-Unis.
Hartley (Charles-P.), à Caldwel.......... États-Unis.
Hiester (Gabriel), à Harisburg.'........... États-Unis.
Hochard (Arthur), à Paris............... France.
Huber (Paul), à Halle. — [Concours permanent et concours temporaires]. Allemagne.
Irich (J.-A.), à Bachtchisaray............ Russie.
Jourdain (Alphonse), à Maurecourt (Seine-et-Oise)............ France.
Karazine (J.-J.), à Krasnokoutsk.......... Russie.
Khoudoverdoff, à Kharkoff............ Russie.
Kirienko (J.)......... Russie.
Kourt-Ali.......... Russie.
Lacaille, à Belleville-en-Caux (Seine-Inférieure)............ France.
Lassalle, à Paris. — [Concours permanent et concours temporaires]. France.
Lebugle, à Camembert (Orne)............ France.
Leroux et Cie, à Sartrouville (Seine-et-Oise).. France.
Levstik (W.), à Saint-Andrä............ Autriche.
Lhermitte, à Avon (Seine-et-Marne).......... France.
Manchester (Elbert), à Bristol............ États-Unis.
Marois (Désiré), à Gaubertin (Loiret)...... France.
Mas (Jean), à Beauvais (Oise)............ France.
Maue (Charles-E.)..... États-Unis.
Ménard-Bureau, à Suèvres (Loir-et-Cher)... France.
Meslé, à Poissy (Seine-et-Oise)........... France.
Miller, à Nouse.. Grande-Bretagne.
Mitchell (J.-C.). Grande-Bretagne.

Moïse (Raymond), à Carcassonne (Aude)..... France.
Newman (C.-P.).. Grande-Bretagne.
Orland (José-Maria), à Almeira.......... Espagne.
Passet (Joseph), à Boulogne-sur-Seine (Seine). France.
Pavlenko (Jacob), à Kiev. Russie.
Peart (A.-W.)... Grande-Bretagne.
Pettit (M.)..... Grande-Bretagne.
Picard-Deneux, à Albert (Somme)......... France.
Pichler (Antoine), à Weiz. Autriche.
Pierce (O.-R.), à Hudson. États-Unis.
Pirker (Alois)........ Autriche.
Plot (Mme Berthe)..... Autriche.
Prat (D'), à Aurillac (Cantal)..........: France.
Prescott (Williams), à Williamsburg....... États-Unis.
Ratliff (S.), à Richmond............ États-Unis.
Read (E.-H.).... Grande-Bretagne.
Rethlinger, à Combault (Seine-et-Marne).... France.
Riverside orange company, à Riverside...... États-Unis.
Rohr (G.), à Dobbertin. Allemagne.
Roux, à Thiais (Seine).. France.
Sanderson (W.)... Grande-Bretagne.
Sommer (Adalbert), à Pulkau............ Autriche.
Stanislawsky......... Russie.
Stephens (E.-F.), à Crète. États-Unis.
Syndicat pour le commerce des fruits, à Saint-Pierre, près Gorice... Autriche.
Teviacheff (Basile), à Bobrov........... Russie.
Vincent, à Vitry-sur-Seine (Seine)........... France.
Voris (F.-D.), à Néoga. États-Unis.
Warner (E.-C.), à New-Haven.......... États-Unis.
Wilson (Edgar), à Boise. États-Unis.
Wlassoff (Mme), à Kharkow........... Russie.
Woods (J.-P.)... Grande-Bretagne.
Zemstwo de Korotcha... Russie.
Zorn (J.), à Gottmannsbühl............ Allemagne.

Mentions honorables.

Aehenthal (Baron Jean Lexa de), à Doxa.... Autriche.
Barr (C.)..... Grande-Bretagne.
Barrière (J.), à Caunes (Aude)........... France.

Bayerey, à Paris....... France.
Besson (Guyane)...... France.
Bourgaud (Léon), à Orléansville (Algérie)... France.
Bourquin (Jules), (Guyane). France.

Bréchemier, à Gien (Loiret)............ France.
Brown's (Charles) sons, à Arroyo........... États-Unis.
Burrel (M.)..... Grande-Bretagne.

Caron (Juge).... Grande-Bretagne.

Cazes (Marius), à Nébian (Hérault)......... France.

Chapais (J.-C.)... Grande-Bretagne.

Comité local de la Guyane française......... France.

Comité local du Tonkin, à Hanoï (Indo-Chine)... France.

Craig (W.) sons... Grande-Bretagne.

Département d'Oujitzé.. Serbie.

Département de Roudnick. Serbie.

Département de Sabac... Serbie.

Département de Valiévo. Serbie.

Dickee (James), à Massies-Mill............. États-Unis.

Droulin (Edmond), à Roiville, par Tichoville (Orne)........... France.

Dupuis (Madagascar)... France.

Dupuis-Nouillé (Martinique)........... France.

École d'arboriculture de Boukovo.......... Serbie.

Fèvre (D.) fils aîné, à Alger (Algérie)...... France.

Franck de Préaumont, à Taverny (Seine-et-Oise)............ France.

Gardin (Du), à Oued-Amizour (Algérie)...... France.

Gojan (Chevalier Alexandre de), à Zadowa... Autriche.

Gouvernement général du Tonkin............ France.

Guiraud (Alexandre), à Héliopolis (Algérie).. France.

Herrera (Rosalio), à Vizaron............. Mexique.

Huggard (R.-L.)... Grande-Bretagne.

Kiernle (Auguste), à Bade-Bade......... Allemagne.

Klose (Émile), à Ritzelhaf. Autriche.

Kulit (Joseph), à Könnigrätz............ Autriche.

Longueteau (Mme), à Gourbeyre (Guadeloupe).. France.

Loygues (Jules), à Fumel (Lot-et-Garonne).... France.

Lozano (Margarito), à Zacatecas........... Mexique.

Machkovzeff (M.-J.).... Russie.

Mandemain (André), à Guelma (Algérie).... France.

Marshall brothers, à Arlington............ États-Unis.

Marty (Paulin), à Nébian (Hérault)...... France.

Michelet, à Mustapha (Algérie)........... France.

Mouret, à Paris....... France.

Municipalité de Compostela............. Mexique.

Nesen (Raimond), à Böhmisch-Kamnitz... Autriche.

Parker (J.-A.), à Lakin. États-Unis.

Patchett (Joseph), à Billsboro............. États-Unis.

Patriquin (C.)... Grande-Bretagne.

Peder Pedersen, à Huntingdon-Valley...... États-Unis.

Perez (José), à Cuilapan. Mexique.

Popowicz (N. de)...... Autriche.

Pretchmer (Édouard), à Strojestic.......... Autriche.

Protectorat de l'Annam. France.

Rosado (Desiderio-G.).. Mexique.

Salkeld (Isaac)... Grande-Bretagne.

Schlicting (J.), à Marne-Holstein........... Allemagne.

Schulfink (V.-A.), à Pettau............ Autriche.

Société agricole mexicaine............. Mexique.

Société d'horticulture de l'Île d'Orléans. Grande-Bretagne.

Trautmansdorf (Prince Carl de)........... Autriche.

Union agronomique et forestière de l'arrondissement de Böhmisch Kamnitz........... Autriche.

Waschalowki (Antoine), à Przeclaw........ Autriche.

Weidner (A.-J.), à Arendtsville............. États-Unis.

Wenzel (Jacob)....... Autriche.

COLLABORATEURS.

Médailles d'or.

Allan (Alexis), Dominion of Canada, Département de l'agriculture. Grande-Bretagne.

Aritonowicz (Christoph), Assortiment provincial de Bukowine...... Autriche.

Attems (Comte François d'), Comité diétal styrien............. Autriche.

Béxard (Étienne), maison Jamin (Ferdinand)... France.

Bertron (Jules), Comice d'encouragement à l'agriculture et à l'horticulture de Seine-et-Oise............ France.

Bryant (L.-R.), Société d'horticulture de l'état d'Illinois.......... États-Unis.

Carelli (Giovanni), Chambre de commerce de Naples............ Italie.

Chevalier (Gustave), Société régionale d'horticulture de Montreuil-sous-Bois.......... France.

Coffigniez, École de Fleury-Meudon......... France.

Cognée (François), Société horticole, vigneronne et forestière de l'Aube............. France.

Demandre (Gustave), Société horticole, vigneronne et forestière de l'Aube............ France.

Dupont (Pierre), Société régionale d'horticulture de Montreuil-sous-Bois......... France.

Ecker-Eckhofen (Baron Edgard de), Comité diétal styrien........ Autriche.

Fatzer, Forceries de l'Aisne............ France.

Girard (Emmanuel), maison Croux et fils..... France.

Green (W.), Département de l'agriculture, Division pomologique.... États-Unis.

Grosdemange, Société d'horticulture et de petite culture de Soissons............. France.

Janczewski (Ed. de), Société d'horticulture de Cracovie........... Autriche.

Johnson (W.-G.), Département de l'agriculture, Division pomologique.. États-Unis.

KANTOR (Charles), Société de culture fruitière, à Troppau.......... Autriche.

LAKE (E.-R.), Département de l'agriculture, Division pomologique.. États-Unis.

LAPALUD (Jules), maison Bruneau (Désiré).... France.

MAINGUET (Henri), Société régionale d'horticulture de Vincennes.. France.

MARIE (Alfred), Comice d'encouragement à l'agriculture et à l'horticulture de Seine-et-Oise.............. France.

MAUROY (Ferdinand), maison Paillet fils.... France.

MUNSON (W.), Département de l'agriculture, Division pomologique............. États-Unis.

OCHREMENKO (Serge), Jardin impérial de Nikita............. Russie.

ORLENKO (Michel), Jardin impérial de Nikita... Russie.

PASCAUD (Lucien), maison Defresne (H.) fils.... France.

PUHLMANN (Carl), Comité des horticulteurs allemands............ Allemagne.

RICHARDSON (Georges), Département de l'agriculture, Division pomologique............. États-Unis.

RUELLE (Pierre), maison Baltet (Charles).... France.

SAUNDERS (William), Fermes expérimentales du Canada....... Grande-Bretagne.

TAMMS (Fritz), Comité des horticulteurs allemands............ Allemagne.

TROPP (James), Département de l'agriculture, Division pomologique.. États-Unis.

VASSOUT (Léopold), Société régionale d'horticulture de Montreuil-sous-Bois....... France.

VIGNEAU (A.), Cercle d'arboriculture de Montmorency.......... France.

Médailles d'argent.

AUBRY (Eugène), Syndicat de Deuil.......... France.

BADIER (Louis), maison Lapierre et fils...... France.

BAGNARD (Hippolyte), Syndicat de Sannois..... France.

BARDIN (Désiré), Société d'horticulture d'Argenteuil.............. France.

BARGEL, Société d'horticulture de Meulan... France.

BARNES (H.), Kansas state horticultural society... États-Unis.

BAZILLE, maison Mottheau.............. France.

BIGELOW (J.-W.), Province of Nova Scotia. Grande-Bretagne.

BIZERAY (Pierre), maison Jamin (Ferdinand)... France.

BOGGS (C.), North Carolina department of agriculture........ États-Unis.

BONNAULT (Jean), Asile clinique Sainte-Anne. France.

BONNEVILLE, Syndicat de Bessancourt........ France.

BOND, Refuge du Plessis-Piquet........... France.

BORODAIEFF, Banque d'État, domaine de Bouroultcha.......... Russie.

BOSNE (Athanase), Syndicat de Linas...... France.

CANDON (Hyacinthe), Société d'horticulture et de botanique du Havre. France.

CHAMPENOIS (Arthur), maison Salomon et fils... France.

CHAPY (Blaise), École Fleury-Meudon..... France.

CHAUFFIER (Jean), maison Defresne (H.) fils.... France.

CORBETT (L. C.), Département de l'agriculture, Division pomologique............. États-Unis.

CORNU (Joseph), Société régionale d'horticulture de Montreuil-sous-Bois.............. France.

CORTIER (Émile), maison Baltet (Charles)..... France.

DÉCHÈNE (A.-M.), Société de l'Islet..... Grande-Bretagne.

DERBY (S.-H.), Département de l'agriculture, Division pomologique.. États-Unis.

DIGOUM (Alexandre), maison Navrotzky (Mme).. Russie.

DJELIL (Osman), maison Kapoustine frères.... Russie.

DUPUIS (A.), Société de l'Islet....... Grande-Bretagne.

FARNSWORTH (W.), Ohio state horticultural society............. États-Unis.

FOUGERY, Société nantaise d'horticulture...... France.

FRANKLIN (Henry), Département de l'agriculture, Division pomologique............. États-Unis.

FUSIL (Jean), maison Pinguet-Guindon (Eugène)............. France.

GARAND (Emmanuel), maison Croux et fils.. France.

GAUGUIN (Édouard), Société d'horticulture d'Orléans et du Loiret. France.

GENTIL (Émile), Syndicat de Franconville...... France.

GILLET (Adrien), Cercle d'arboriculture de Montmorency.......... France.

GOMBOCH (Franc), maison Pirc (Gustave)...... Autriche.

HARLINGTON (O.), Iowa state horticultural society............. États-Unis.

HAWRANKA (Heinrich), École agronomique, à Jicin............. Autriche.

HEGER (François), Assortiment provincial de l'École d'agriculture à Ritzelhof.......... Autriche

HOLAIND-HOURDEQUIN, Société d'horticulture de Valenciennes...... France.

HOLSINGER (Frank), Kansas state horticultural society........... États-Unis

INGOUF (Charles), maison Baltet (Lucien)..... France.

JABLANCZY (J. DE), Office central pour le commerce des fruits de la Basse-Autriche...... Autriche.

JAMIN (Désiré), Société d'horticulture d'Orléans et du Loiret.... France.

JOST (Frédéric), maison Leconte........ France.

KERKOFF (Alexis), Société impériale d'horticulture de Russie, Section du Caucase.......... Russie.

Koschwanez (W.-J.), Comité des horticulteurs allemands......... Allemagne.

Lambert (Pierre), Syndicat de Conflans-Sainte-Honorine..... France.

Lange (Frédéric), maison Ladé (E. de)........ Allemagne.

Laruelle (Henri), Société d'horticulture de Picardie........... France.

Lauche (Guillaume), Société pomologique de la Basse-Autriche.... Autriche.

Launois (Henri), Société d'horticulture de Sedan France.

Lavanchy, Ministère des colonies, Jardin colonial............. France.

Lavignon, Société régionale d'horticulture de Montreuil-sous-Bois.. France.

Layé, Société d'horticulture du Puy-de-Dôme. France.

Lemaire (Louis), Société régionale d'horticulture de Vincennes... France.

Lepère (Ulysse), Société régionale d'horticulture de Montreuil-sous-Bois.............. France.

Lescot (André), Société d'horticulture d'Argenteuil.............. France.

Maille (Alfred), Société d'horticulture de Picardie........... France.

Maison (Joseph), Syndicat de Gagny.......... France.

Maître (Albert), Syndicat de Conflans-Sainte-Honorine............ France.

Marc (Pierre), Société d'horticulture de Douai. France.

Martin (Jules), maison Legouey............. France.

Mauchain, Syndicat de Sannois........... France.

Mayrat (Charles), Société d'horticulture de Limoges............. France.

Mignard (Augustin), Société horticole, vigneronne et forestière de l'Aube............. France.

Mildner (Charles), Société silésienne de culture fruitière à Troppau. Autriche.

Merculy (Antoine), maison Croux et fils..... France.

Monnier (Alfred), maison Lecointe (Amédée). France.

Moschetti (Roberto), Chambre de commerce de Naples.......... Italie.

Muller (H.), Société pomologique de la Basse-Autriche........... Autriche.

Nemec (Charles), de Lobkowitz (Prince Ferdinand)............ Autriche.

Nirbuhler, L'« Union horticole de Nogent-sur-Marne».......... France.

Nouel (Pierre), maison Jamin (Ferdinand)... France.

Oglou-Beuirbaieff, maison Kapoustine frères. Russie.

Ordnung, de Lobkowitz (Prince Moritz)..... Autriche.

Picot, Société des horticulteurs de Nantes... France.

Pierce (L.-B.), Ohio state horticultural society.. États-Unis.

Pitomzeff (M.-P.), Société impériale d'horticulture de Russie, Section du Caucase..... Russie.

Prilipko (Zachar), Société impériale d'horticulture de Russie, Section du Caucase...... Russie.

Ragon, Société horticole, vigneronne et forestière de l'Aube.......... France.

Ravinet, Société horticole, vigneronne et forestière de l'Aube.......... France.

Reeves (Elmer), Iowa state horticultural society.. États-Unis.

Ricois (Léon), maison Lecointe (Amédée)... France.

Robin (Charles), maison Croux et fils........ France.

Robineau, Société régionale d'horticulture de Montreuil-sous-Bois.. France.

Rosanoff (Mme), Département de l'agriculture. Russie.

Roy (Désiré), maison Salomon et fils........ France.

Saranoff (Ivan), Ministère du commerce et de l'agriculture...... Bulgarie.

Schmidinger (Maximilien), Société d'agriculture de Voralberg.......... Autriche.

Séjourné (Désiré), maison Bruneau. (Désiré). France.

Severhill (S.-G.), Société d'horticulture de l'état d'Illinois...... États-Unis.

Simonet, maison Jamin (Ferdinand)........ France.

Soyez (Henri), maison Carnet (Léon)...... France.

Stiegler (Antoine), Comité diétal styrien... Autriche.

Tabard (Louis), maison Baltet (Ernest)...... France.

Tessier (Arthur), Syndicat de Thomery.... France.

Tétard-Bance, Syndicat de Groslay.......... France.

Thibault père, Syndicat de Louveciennes..... France.

Thomerieux, Société d'horticulture de Dammartin. France.

Tournefier (Henri), maison Whir (Henri).... France.

Trébignaud (Claude), École de Fleury-Meudon....·....... France.

Vachitchek (I.), École pratique de l'Etat.... Bulgarie.

Vaternille, Société d'horticulture et de petite culture de Soissons. France.

Ventteclaye, Cercle d'arboriculture de Montmorency.......... France.

Verrault (Albert), Société de l'Islet ..... Grande-Bretagne.

Villain (Étienne), maison Baltet (Charles).. France.

Vogel (O.), Comité des horticulteurs allemands........... Allemagne.

Yème (François), maison Boivin (Léopold).... France.

Yvert, Syndicat de Mareil-Marly .... France.

<h3 style="text-align:center">Médailles de bronze.</h3>

Albeau, Société d'horticulture de Sedan.... France.

Andrieux, Société d'horticulture de Picardie.. France.

Barbié-Perricourt, Société horticole, vigneronne et forestière de l'Aube............ France.

Bedenne (Eugène), Société régionale d'horticulture de Montreuil-sous-Bois.......... France.

BLASIC (François), Conseil de culture de l'archiduché d'Autriche .... Autriche.

BOLLÉ (G.), Société impériale et royale de Gorice .... Autriche.

BRIGAND (Yves), maison Boivin .... France.

BRUDERS (Otto), Comité diétal styrien .... Autriche.

CARPENTIER, Société d'horticulture et de botanique du Havre ..... France.

CHARTON (Lucien), Société régionale d'horticulture de Montreuil-sous-Bois .... France.

CHEVALIER (Edmond), Société régionale d'horticulture de Montreuil-sous-Bois .... France.

COMMERÇON, Société d'horticulture de Mâcon ... France.

CORSA (W.-P.), Département de l'agriculture, Division pomologique. États-Unis.

DANIEL, Société régionale d'horticulture de Vincennes .... France.

DASSONVILLE (Alfred), Société d'horticulture de Valenciennes .... France.

DENISOT, Société d'horticulture de Picardie... France.

DUSART (Léon), Société d'horticulture de Valenciennes .... France.

EDWARDS (D.-R.), Société d'horticulture de l'état du Missouri .... États-Unis.

ERGENZINGER (Otto), Société horticole de Cracovie .... Autriche.

FILEZ (Paul), maison Carnet (Léon) ...... France.

FREY (Fr.), Comité des horticulteurs allemands .... Allemagne.

GANDY (Jean-Baptiste), Société d'horticulture de Limoges .... France.

GANO (W.-G.), Société d'horticulture de l'état du Missouri .... États-Unis.

GILINSKI (S.), Société horticole de Cracovie .... Autriche.

GLAAB (Louis), Association provinciale salzbourgeoise .... Autriche.

GUILLOT (Claude), Société d'horticulture du Puy-de-Dôme .... France.

HÉNAULT, Société régionale d'horticulture de Vincennes .... France.

HENNO, Société d'horticulture de Valenciennes.. France.

HIRSCH (Vincent), Société impériale et royale d'agriculture de la Carinthie .... Autriche.

IRWIN (W.-N.), Département de l'agriculture, Division pomologique. États-Unis.

KLEINESCHEGG (Oritz), Comité diétal styrien.... Autriche.

LEDOUBLE (Jules), Société d'horticulture de Villemomble .... France.

LEDOUX, Société régionale d'horticulture de Montreuil-sous-Bois ...... France.

LOISON, Société régionale d'horticulture de Vincennes .... France.

LOREILLE (Frédéric), maison Ballet (Charles).. France.

LUDLOFF (Dr), Comité des horticulteurs allemands .... Allemagne.

MALONE (T.-E.), Société d'horticulture de l'état du Missouri .... États-Unis.

MANNING (Robert), Département de l'agriculture, Division pomologique. États-Unis.

MARIN (Alexandre), maison Croux et fils .... France.

MESSIER (Joseph), Société d'horticulture de Picardie. .... France.

MITCHEM (William), Kansas horticultural society .... États-Unis.

MOGUET (Alderald), Société horticole, vigneronne et forestière de l'Aube .... France.

MOREAU, Société régionale d'horticulture de Montreuil-sous-Bois...... France.

NIEL, maison Boucher (Georges).......... France.

PETERS (C.-L.), North Carolina Department of agriculture .... États-Unis.

PILLOW (W.-R.), Département de l'agriculture, Division pomologique.. États-Unis.

RAGAN (W.-R.), Indiana state horticultural society............ États-Unis.

RICU (O.), Maison Vincenheller .... États-Unis.

SOCQUART (Charles), Société horticole, vigneronne et forestière de l'Aube .... France.

STUDLER (Georges), Société d'horticulture de Picardie............ France.

TESSIER, Société des horticulteurs de Nantes.. France.

TREZEL, maison Prenveille .... France.

VINET, Société nantaise d'horticulture....... France.

WATHOUS (C.-L.), Iowa state horticultural society............ États-Unis.

CONCOURS TEMPORAIRES.

CONCOURS DU 18 AVRIL 1900.

Premiers prix.

CORDONNIER et fils, à Bailleul (Nord). — Fruits forcés, fruits conservés............ France.

DEFRESNE (H.) fils, à Vitry-sur-Seine (Seine). — Fruits............ France.

KAPOUSTINE (M.-D.), à Moscou. — Pommes, poires............ Russie.

PARENT oncle et neveu, à Rueil (Seine-et-Oise). — Arbres cultivés en pots .... France.

SALOMON et fils, à Thomery (Seine-et-Marne). — Raisins conservés.. France.

Société horticole, vigneronne et forestière de l'Aube, à Troyes (Aube). — Fruits conservés. . . . . France.

Société régionale d'horticulture de Montreuil-sous-Bois (Seine). — Fruits conservés. . . . . France.

Syndicat de Thomery (Seine-et-Marne). — Chasselas conservés... France.

Deuxièmes prix.

Chevillot (Gustave), à Thomery (Seine-et-Marne). — Raisins frais conservés . . . . France.

Cordonnier et fils, à Bailleul (Nord). — Fruits conservés . . . . France.

Luquet (Eugène), à Thomery (Seine-et-Marne). — Chasselas conservés. . . . . France.

Meslé, à Poissy (Seine-et-Oise). — Cerisiers et fraisiers en pots... France.

Michin (Henri), à Thomery (Seine-et-Marne). France.

Mottheau (Alfred), à Thorigny (Seine-et-Marne). — Fruits frais conservés. . . . . France.

Parent oncle et neveu, à Rueil (Seine-et-Oise). — Chasselas conservés. France.

Parent oncle et neveu, à Rueil (Seine-et-Oise). — Fruits forcés. . . . . France.

Sadron (O.), à Thomery (Seine-et-Marne). — Raisins frais conservés. France.

Taïourski (B.), à Simféropol. — Pommes, poires . . . . Russie.

Tessier (Arthur), à Veneux-Nadon (Seine-et-Marne). — Chasselas conservés . . . . France.

Mentions.

Casablancas, à Paris. — Fruits exotiques. . . . . France.

Machkwzeff (N.-J.), à Simféropol.— Pommes. Russie.

Société d'horticulture de Clermont-Ferrand (Puy-de-Dôme). — Pommes d'Auvergne... France.

CONCOURS DU 9 MAI 1900.

Premiers prix.

Chevillot (G.), à Thomery (Seine-et-Marne). — Raisins conservés frais. . . . . France.

Commission de l'état de New-York . . . . États-Unis.

Cordonnier et fils, à Bailleul (Nord). — Fruits forcés. . . . . France.

Cordonnier et fils, à Bailleul (Nord). — Raisins forcés cueillis. . . . . . . France.

Département de l'agriculture des États-Unis, Division pomologique. États-Unis.

Luquet, à Thomery (Seine-et-Marne). — Raisins conservés frais. . . . . . France.

Mari (Antoine), à Nice (Alpes-Maritimes). — Fruits exotiques. . . . . France.

Michin, à Thomery (Seine-et-Marne). — Raisins conservés frais. . . . . . . France.

Parent oncle et neveu, à Rueil (Seine-et-Oise). — Fruits forcés cultivés en pots. . . . . France.

Sadron (O.), à Thomery (Seine-et-Marne). — Raisins conservés frais. France.

Salomon et fils, à Thomery (Seine-et-Marne). — Fruits forcés cueillis. . . . . France.

Société d'horticulture de l'Illinois . . . . États-Unis.

Société d'horticulture du Missouri. . . . . États-Unis.

Société impériale d'arboriculture de Russie, Section de Karassoubazar. — Fruits conservés. . . . . Russie.

Société impériale d'horticulture de Russie, Section de Simféropol. — Fruits conservés. . . . . . Russie.

Société régionale d'horticulture de Montreuil-sous-Bois (Seine). — Fruits conservés. . . . . France.

Deuxièmes prix.

Millet et fils, à Bourg-la-Reine (Seine). — Fraises en variétés . . . France.

Parent oncle et neveu, à Rueil (Seine-et-Oise), —Fruits forcés cueillis. France.

Salomon et fils, à Thomery (Seine-et-Marne). — Corbeilles de fruits. . . . . France.

Société d'horticulture de l'état d'Indiana . . . États-Unis.

Société d'horticulture de l'état de Nebraska. . . . . États-Unis

Société pomologique du Connecticut . . . . États-Unis

Troisièmes prix.

BARRIÈRE, à Caunes (Aude).
— Fruits forcés cueil-
lis. . . . . France.

DÉPARTEMENT D'AGRICULTURE
DE LA CAROLINE DU NORD. États-Unis.

HIESTER, à Harrisburg. . États-Unis.

MOTTHEAU, à Thori-
gny (Seine-et-Marne).
— Raisins conservés
frais. . . . . France.

SOCIÉTÉ D'HORTICULTURE DE
L'ÉTAT DU KANSAS . . . . . États-Unis.

SOCIÉTÉ D'HORTICULTURE DE
LA VIRGINIE. . . . . États-Unis.

Mentions.

COMICE D'ENCOURAGEMENT
À L'AGRICULTURE ET À
L'HORTICULTURE DE
SEINE-ET-OISE, à Ver-

sailles (Seine - et -
Oise). — Fruits conser-
vés. . . . . France.

JOURDAIN, à Maurecourt

(Seine - et - Oise). —
Fruits conservés. . . . . France.

LASSALLE, à Paris. —
Fruits exotiques. . . . . France.

CONCOURS DU 23 MAI 1900.

Premiers prix.

CHEVILLOT, à Thomery
(Seine - et - Marne). —
Chasselas conservés. . . France.

COMMISSION DE L'ÉTAT DE
NEW-YORK . . . . États-Unis.

CORDONNIER et fils, à Bailleul (Nord). — Cor-
beilles de fruits. . . . France.

CORDONNIER et fils, à Bailleul (Nord). — Fruits
forcés. . . . . France.

CORDONNIER et fils, à Bailleul (Nord). — Fruits
sur arbres. . . . . France.

CORDONNIER et fils, à Bailleul (Nord). — Lot de
raisins . . . . France.

DÉPARTEMENT DE L'AGRICUL-

TURE DES ÉTATS-UNIS,
Division pomologique. . États-Unis.

LAPIERRE et fils, à Mont-
rouge (Seine). —
Fraises. . . . . France.

MICUIN, à Thomery (Seine-
et-Marne). — Chasse-
las conservés. . . . . . France.

MILLET et fils, à Bourg-
la-Reine (Seine). —
Fraises. . . . . France.

MILLET et fils, à Bourg-
la-Reine (Seine). —
Fruits nouveaux. . . . . France.

PARENT oncle et neveu, à
Rueil (Seine-et-Oise).
Corbeilles de fruits. . . France.

PARENT oncle et neveu, à

Rueil (Seine-et-Oise).
— Fruits forcés. . . . . France.

PARENT oncle et neveu, à
Rueil (Seine-et-Oise).
— Fruits sur arbres. . France.

SADRON (O.), à Thomery
(Seine-et-Marne). —
Chasselas conservés. . . France.

SALOMON et fils, à Thomery
(Seine-et-Marne). —
Raisins conservés . . . . France.

SOCIÉTÉ D'HORTICULTURE DE
L'ÉTAT D'ILLINOIS. . . . . États-Unis.

SOCIÉTÉ D'HORTICULTURE DE
L'ÉTAT DU MISSOURI. . . États-Unis.

SOCIÉTÉ RÉGIONALE D'HOR-
TICULTURE DE MONTREUIL-
SOUS-BOIS (Seine). —
Lot collectif . . . . France.

Deuxièmes prix.

CONE (Moses) à Blowing
Rock . . . . États-Unis.

DELAFOSSE, à Lady-Mor-
mant (Seine-et-Marne).
— Fruits sur arbres. . France.

HARRIS (W.), à Tecumseh. États-Unis.

LUQUET, à Thomery (Seine-
et-Marne). — Chasse-
las conservés. . . . . . . France.

SOCIÉTÉ HORTICOLE, VIGNE-
RONNE ET FORESTIÈRE DE
L'AUBE, à Troyes (Aube).
— Fruits nouveaux. . . France.

SOCIÉTÉ D'HORTICULTURE DE
L'ÉTAT DE NEBRASKA . . . États-Unis.

SOCIÉTÉ D'HORTICULTURE DE
L'INDIANA. . . . . États-Unis.

SOCIÉTÉ D'HORTICULTURE DE
L'OUEST DE LA VIRGINIE. États-Unis.

SOCIÉTÉ D'HORTICULTURE DE
LA VIRGINIE. . . . . États-Unis.

SOCIÉTÉ POMOLOGIQUE DU
MAINE. . . . . États-Unis.

THOMAS NEWBY, à Car-
thage. . . . . États-Unis.

Troisièmes prix.

AUDIBERT, à la Crau (Var). — Fruits du Midi. . . . . France.

MILLET et fils, à Bourg-la-Reine (Seine). — Corbeilles de fruits. France.

PIERCE, à Hudson. . . . . États-Unis.

Mentions.

ALDRICH (H.-A.), à Neoga. États-Unis.

ALDRICH (H.-A.), à Neoga. États-Unis.

BROWN'S (Ch.) sons, à Arroyo . . . . États-Unis.

CLAVEL, au Beausset (Var). — Fruits des colonies. France.

DUNLAP (H.-M.), à Savoy. États-Unis.

HARRIG (W.-R.), à Técumsch . . . . États-Unis.

HOCHARD, à Paris. — Fruits du Midi . . . . . . France.

LASSALLE, à Paris. — Fruits des colonies . . . France.

MARSHALL brothers, à Arlington . . . . États-Unis.

MOSES (H), à Blowing Rock . . . . États-Unis.

NEWBY (Th.), à Carthage. États-Unis.

PATCHETT (Joseph), à Billsboro . . . . États-Unis.

SHAW (Fred), à Summerhill . . . . États-Unis.

CONCOURS DU 13 JUIN 1900.

Premiers prix.

BOUCHER (G.), à Paris. — Arbres en pots . . . . . . France.

BRUNEAU (D.), à Bourg-la-Reine (Seine). — Fruits de plein air . . . . France.

CHEVILLOT, à Thomery (Seine-et-Marne). — Raisins conservés . . . . . France.

COMMISSION DE L'ÉTAT DE CALIFORNIE . . . . États-Unis.

COMMISSION DE L'ÉTAT DE CALIFORNIE . . . . États-Unis.

COMMISSION DE L'ÉTAT DE NEW-YORK . . . . États-Unis.

CORDONNIER et fils, à Bailleul (Nord). — Arbres en pots . . . . France.

CORDONNIER et fils, à Bailleul (Nord). — Fruits forcés . . . . France.

CORDONNIER et fils, à Bailleul (Nord). — Lots de raisins . . . . France.

DÉPARTEMENT DE L'AGRICULTURE DES ÉTATS-UNIS, Division pomologique . . . États-Unis.

FORCERIES DE L'AISNE, à Quessy (Aisne). — Fruits forcés . . . . France.

FORCERIES DE L'AISNE, à Quessy (Aisne). — Lots de raisins . . . . . . France.

LAPIERRE et fils, à Montrouge (Seine). — Fraises . . . . France.

MILLET et fils, à Bourg-la-Reine (Seine). — Fraises . . . . France.

PARENT oncle et neveu, à Rueil (Seine-et-Oise). — Arbres en pots . . . . France.

PARENT oncle et neveu, à Rueil (Seine-et-Oise). — Fruits forcés . . . . . . France.

PÉLISSIER et fils, à Châteaurenard (Bouches-du-Rhône). — Fruits du Midi . . . . . . France.

SADRON (O.), à Thomery (Seine-et-Marne). — Raisins conservés . . . . . France.

SOCIÉTÉ D'HORTICULTURE DE L'ÉTAT D'ILLINOIS . . . . . États-Unis.

SOCIÉTÉ D'HORTICULTURE DE L'ÉTAT DU MISSOURI . . . États-Unis.

SOCIÉTÉ D'HORTICULTURE DE L'ÉTAT DE NEBRASKA . . . États-Unis.

SOCIÉTÉ RÉGIONALE D'HORTICULTURE DE MONTREUIL-sous-Bois (Seine). — Fruits divers . . . . France.

WHIR, à Deuil (Seine-et-Oise). — Lots de raisins . . . . France.

Deuxièmes prix.

BABCOCK, à Waitsburg . . États-Unis.

CORDONNIER et fils, à Bailleul (Nord). — Corbeilles de fruits . . . . . France.

DÉPARTEMENT D'AGRICULTURE DE LA CAROLINE DU NORD . . . . États-Unis.

ÉNOT (Léon), à la Guerroulde (Eure). — Fruits forcés . . . . France.

MANCHESTER (Elbert), à Bristol . . . . États-Unis.

MARSHALL brothers, à Arlington . . . . États-Unis.

PARENT oncle et neveu, à Rueil (Seine-et-Oise). — Corbeilles de fruits. France.

PERRINE (J.-L.-B.), à Blue Lakes . . . . États-Unis.

SOCIÉTÉ D'HORTICULTURE DE LA VIRGINIE . . . . États-Unis.

STÉPHEN, à Crête . . . . . . États-Unis.

SYNDICAT DE GAGNY (Seine-et-Oise). — Fruits divers . . . . France.

Troisièmes prix.

COLLÈGE D'AGRICULTURE DU NOUVEAU-MEXIQUE . . . . États-Unis.

KOURT-ALI. — Fruits conservés . . . . Russie.

LAPIERRE et fils, à Montrouge (Seine). — Corbeilles de fruits . . . . . . France.

PEDERSON (Peder), à Hutington-Valley . . . . . . États-Unis.

SYNDICAT DE LIXAS (Seine-et-Oise). — Fruits divers . . . . France.

SYNDICAT DE SANNOIS (Seine-et-Oise). — Fruits divers . . . . France.

Mentions.

CASABLANCAS, à Paris. — Fruits du Midi...... France.

CHEVILLOT, à Thomery (Seine-et-Marne). — Pommes conservées... France.

HOCHARD, à Paris. — Fruits du Midi...... France.

LASSALLE, à Paris. — Fruits du Midi...... France.

SYNDICAT DE MANTES (Seine-et-Oise). — Fruits divers............. France.

SYNDICAT DE TAVERNY (Seine-et-Oise). — Fruits divers........ France.

CONCOURS DU 27 JUIN 1900.

Premiers prix.

BRUNEAU (D.), à Bourg-la-Reine (Seine). — Fruits frais............. France.

CHAMBRE DE COMMERCE DE NAPLES. — Fruits.... Italie.

COMMISSION DE L'ÉTAT DE CALIFORNIE. — Oranges. États-Unis.

COMMISSION DE L'ÉTAT DE NEW-YORK. — Pommes. États-Unis.

CORDONNIER et fils, à Bailleul (Nord). — Corbeilles de fruits...... France.

CORDONNIER et fils, à Bailleul (Nord). — Fruits forcés............. France.

CORDONNIER et fils, à Bailleul (Nord). — Fruits forcés............. France.

DÉPARTEMENT DE L'AGRICULTURE DES ÉTATS-UNIS, Division pomologique. — Pommes........ États-Unis.

FORCERIES DE L'AISNE, à Quessy (Aisne). — Fruits forcés........ France.

FORCERIES DE L'AISNE, à Quessy (Aisne). — Raisins forcés....... France.

GLEASON, à Leroy. — Pommes.......... États-Unis.

GOUVERNEMENT DU CANADA. — Pommes... Grande-Bretagne.

PARENT oncle et neveu, à Rueil (Seine-et-Oise). — Corbeilles de fruits. France.

PARENT oncle et neveu, à Rueil (Seine-et-Oise). — Fruits forcés..... France.

PROVINCE DE LA NOUVELLE-ÉCOSSE (Canada). — Pommes...... Grande-Bretagne.

PROVINCE D'ONTARIO (Canada). — Pommes. G^de-Bretagne.

PROVINCE DE QUÉBEC (Canada). — Pommes. G^de-Bretagne.

SOCIÉTÉ DE LA COLOMBIE ANGLAISE (Canada). — Pommes...... Grande-Bretagne

SOCIÉTÉ D'HORTICULTURE DE L'ÉTAT D'ILLINOIS. — Pommes.......... États-Unis

SOCIÉTÉ D'HORTICULTURE DE L'ÉTAT DU MISSOURI. — Pommes.......... États-Unis.

SOCIÉTÉ D'HORTICULTURE DE L'ÉTAT DE NÉBRASKA. — Pommes.......... États-Unis.

SOCIÉTÉ D'HORTICULTURE DE LA VIRGINIE. — Pommes. États-Unis.

SOCIÉTÉ RÉGIONALE D'HORTICULTURE DE MONTREUIL-SOUS-BOIS (Seine). — Corbeilles de fruits... France.

Deuxièmes prix.

BOUCHER (G.), à Paris. — Fruits frais...... France.

COLLÈGE D'AGRICULTURE DU NOUVEAU-MEXIQUE. — Pommes.......... États-Unis.

DEFRESNE (H.) fils, à Vitry-sur-Seine (Seine). — Fruits frais........ France.

DÉPARTEMENT DE L'AGRICULTURE DE LA CAROLINE DU NORD. — Pommes.. États-Unis.

LAPIERRE et fils, au Grand-Montrouge (Seine). — Fraises en variétés... France.

LECOINTE, à Louveciennes (Seine-et-Oise). —

Corbeilles de fruits frais............. France.

MILLET et fils, à Bourg-la-Reine (Seine). — Fraises en variétés... France.

PARENT oncle et neveu, à Rueil (Seine-et-Oise). — Arbres en pots.... France.

PELISSIER et fils, à Châteaurenard (Bouches-du-Rhône). — Fruits du Midi.......... France.

PROVINCE DU NOUVEAU-BRUNSWICK (Canada). — Pommes... Grande-Bretagne.

REFUGE DU PLESSIS-PIQUET (Seine). — Fruits frais. France.

SADRON (O.), à Thomery (Seine-et-Marne). — Fruits frais........ France.

SOCIÉTÉ D'HORTICULTURE DE L'ÉTAT D'INDIANA..... États-Unis.

SOCIÉTÉ RÉGIONALE D'HORTICULTURE DE MONTREUIL-SOUS-BOIS (Seine). — Fruits frais........ France.

SYNDICAT DE DEUIL (Seine-et-Oise). — Fruits frais............. France.

WARNER (E. C.), à New-Haven. — Pommes.. États-Unis.

Troisièmes prix.

BABCOCK, à Waitsburg. — Pommes.......... États-Unis.

CAZES, à Nebian (Hérault). Fruits du Midi...... France.

CORDONNIER et fils, à Bailleul (Nord). — Arbres fruitiers en pots..... France.

ÉNOT (Léon), à La Gué-

roulde (Eure). — Fruits forcés............ France.

JOURDAIN (Alphonse), à Maurecourt (Seine-et-

Oise). — Corbeilles de fruits............ France.

Millet et fils, à Bourg-la-Reine (Seine). — Corbeilles de fruits... France

Paillet fils, à Chatenay (Seine). — Groseilles tiges............ France.

Parent oncle et neveu, à

Rueil (Seine-et-Oise). — Fruits frais...... France.

Perrine, à Blue Lakes. — Pommes.......... États-Unis.

Province du Prince-Édouard (Canada). — Pommes..... Grande-Bretagne.

Syndicat de Franconville (Seine-et-Oise). — Corbeilles de fruits... France.

Syndicat de Sannois (Seine-et-Oise). — Fruits frais......... France

Syndicat de Taverny (Seine-et-Oise). — Fruits frais........ France.

Wedner (Aaron-J.), à Arendtsville. — Pommes............. États-Unis.

Mentions.

Clavel, au Beausset (Var). — Fruits du Midi............ France.

Franck de Préaumont, à Taverny (Seine-et-Oise). — Fruits frais. France.

Savart (Charles), à Bagnolet (Seine). — Corbeilles de fruits... France.

Savart (Charles), à Bagnolet (Seine). — Fruits de semis..... France.

Société régionale d'horticulture de Montreuil-sous-Bois (Seine). — Fruits de semis. .... France.

CONCOURS DU 18 JUILLET 1900.

Premiers prix.

Aldrich, à Néoga. — Pommes............. États-Unis.

Boucher (G.), à Paris. — Fruits variés..... France.

Bruneau (D.), à Bourg-la-Reine (Seine). — Fruits variés........ France.

Chambre de commerce de Naples. — Fruits.... Italie.

Cercle d'arboriculture de Montmorency (Seine-et-Oise). — Fruits variés............ France.

Commission de l'état de Californie. — Oranges............. États-Unis.

Commission de l'état de New-York.—Pommes. États-Unis.

Cordonnier et fils, à Bailleul (Nord). — Fruits............ France.

Cordonnier et fils, à Bailleul (Nord). — Fruits forcés........ France.

Cordonnier et fils, à Bailleul (Nord). — Raisins de serre..... France.

Département de l'agri-

culture. Division pomologique. — Pommes............. États-Unis.

Forceries de l'Aisne, à Quessy (Aisne). — Fruits forcés........ France.

Forceries de l'Aisne, à Quessy (Aisne). — Raisins forcés........ France.

Jardin botanique de Palerme............. Italie.

Korvatzky. — Cerises.. Russie.

Lecointe, à Louveciennes (Seine-et-Oise). — Fruits variés........ France.

Millet et fils, à Bourg-la-Reine (Seine). — Fraises........... France.

Paillet fils, à Chatenay (Seine). — Arbres fruitiers........... France.

Parent oncle et neveu, à Rueil (Seine-et-Oise). — Fruits........... France.

Parent oncle et neveu, à Rueil (Seine-et-Oise). — Fruits forcés..... France.

Rothberg, à Gennevilliers (Seine). — Lot d'ensemble........... France.

Salomon et fils, à Thomery (Seine-et-Marne). — Raisins de serre..... France.

Société d'horticulture de l'état de l'Illinois. — Pommes........... États-Unis.

Société d'horticulture de l'état du Missouri. — Pommes........... États-Unis.

Société régionale d'horticulture de Montreuil-sous-Bois (Seine). — Fruits variés .... France.

Société régionale d'horticulture de Montreuil-sous-Bois (Seine). — Fruits............ France.

Société régionale d'horticulture de Vincennes (Seine). — Lot d'ensemble............ France.

Young (A.), à Butler. — Pommes........... États-Unis.

Deuxièmes prix.

Département de l'agriculture de la Caroline du Nord. — Pommes. États-Unis.

Cordonnier et fils, à Bailleul (Nord). — Arbres fruitiers....... France.

Morino (François), à Messine. — Oranges, citrons........... Italie.

Parent oncle et neveu, à Rueil (Seine-et-Oise). — Arbres en pots.... France.

Sadron (O.), à Thomery (Seine-et-Marne). — Fruits variés....... France.

Société d'horticulture de l'état de Nebraska.... États-Unis.

Société pomologique du Connecticut........ États-Unis.

Syndicat de Deuil (Seine-et-Oise). — Fruits variés............ France.

Tcherbina (P.-S.), à Simféropol. — Cerises... Russie.

Troisièmes prix.

Bruneau (D.), à Bourg-la-Reine (Seine). — Arbres fruitiers..... France.

Clavel, au Beausset (Var). — Fruits..... France.

Dickie, à Massies-Hill. — Pommes.......... États-Unis.

Muller (Antoni), à Nancy (Meurthe-et-Moselle). — Fruits variés..... France.

Parker (J. O.), à Lakin. — Pommes......... États-Unis.

Perrine (J.-B.), à Blue-Lakes. — Pommes... États-Unis.

Refuge du Plessis-Piquet (Seine). — Fruits variés............. France.

Syndicat de Gagny (Seine-et-Oise). — Fruits variés............. France.

Mentions.

Casablancas, à Paris. — Fruits............ France.

Hochard, à Paris. —

Fruits exotiques. France.

Lassalle, à Paris. — Fruits exotiques.... France.

Syndicat de Bessancourt (Seine-et-Oise). — Fruits variés........ France.

CONCOURS DU 8 AOÛT 1900.

Premiers prix.

Boucher (G.), à Paris. — Fruits frais à maturité, plein air...... France.

Bruneau (Désiré), à Bourg-la-Reine (Seine). — Fruits frais à maturité, plein air..... France.

Cercle d'arboriculture de Montmorency (Seine-et-Oise). — Fruits frais, plein air...... France.

Chambre de commerce de Naples............ Italie.

Commission de l'état de Californie. — Oranges.............. États-Unis.

Commission de l'état de New-York. — Pommes............. États-Unis.

Cordonnier et fils, à Bailleul (Nord). — Corbeilles de fruits divers. France.

Cordonnier et fils, à Bailleul (Nord). — Fruits forcés........ France.

Defresne (H.) fils à Vitry-sur-Seine (Seine). — Fruits à maturité, plein air.......... France.

Département de l'agriculture, Division pomologique. — Pommes.. États-Unis.

Lapierre et fils, à Montrouge (Seine). — Fraisiers remontants..... France.

Lecointe, à Louveciennes (Seine-et-Oise). — Fruits à maturité, plein air............. France.

Millet et fils, à Bourg-la-Reine (Seine). — Fraisiers remontants.. France.

Parent oncle et neveu, à Rueil (Seine-et-Oise). — Fruits divers..... France.

Pinard frères, à Staouëli (Algérie)........... France.

Roux de Badilach, à Guyotville (Algérie).. France.

Salomon et fils, à Thomery (Seine-et-Marne). — Fruits forcés..... France.

Société d'horticulture d'Argenteuil (Seine-et-Oise). — Fruits frais, plein air........... France.

Société d'horticulture de British Columbia (Canada)........ Grande-Bretagne.

Société d'horticulture de l'état d'Illinois..... États-Unis.

Société d'horticulture de l'état du Missouri... États-Unis.

Société d'horticulture de l'Islet (Canada). Grande-Bretagne.

Société d'horticulture de Québec (Canada)... G.de-Bretagne.

Société Nord Burlington. États-Unis.

Société régionale d'horticulture de Montreuil-sous-Bois (Seine). — Fruits frais, plein air.. France.

Société régionale d'horticulture de Montreuil-sous-Bois (Seine). — Fruits divers........ France.

Société régionale d'horticulture de Montreuil-sous-Bois (Seine). — Fruits nouveaux non au commerce....... France.

Société régionale d'horticulture de Montreuil-sous-Bois (Seine). — Variétés de pêches... France.

Whin, à Deuil (Seine-et-Oise. — Fruits forcés. France.

Wimm (G.-G.), à Griggsville.............. États-Unis.

Deuxièmes prix.

Audibert, à la Crau (Var). — Fruits frais à maturité, plein air.. France.

Bruneau (D.), à Bourg-la-Reine (Seine). — Fruits divers............ France.

Burton (Joé), à Orléans. États-Unis.

Département d'agriculture de la Caroline du Nord............ États-Unis.

Parent oncle et neveu, à Rueil (Seine-et-Oise).

— Fruits frais à maturité, plein air..... France.

Rothberg, à Gennevilliers (Seine). — Fruits frais à maturité, plein air.. France.

Sadron (O.), à Thomery

(Seine-et-Marne). — Fruits frais à maturité, plein air.............. France.

Société d'horticulture de l'état de Nebraska. — Pommes.......... États-Unis.

Syndicat de Gagny (Seine-et-Oise). — Fruits frais à maturité, plein air.............. France.

Syndicat de Sannois (Seine-et-Oise). — Fruits frais à maturité, plein air.............. France.

Syndicat de Sannois (Seine-et-Oise). — Fruits frais à maturité, plein air.............. France.

Whir, à Deuil (Seine-et-Oise). — Vignes en pots.............. France.

Troisièmes prix.

Michalet, à Mustapha (Algérie).......... France.

Moïse (Raymond), à Nancy (Meurthe-et-Moselle). — Fruits frais à maturité, plein air... France.

Muller (Antoni), à Nancy (Meurthe-et-Moselle). — Fruits frais à maturité, plein air..... France.

Mentions.

Casablancas, à Paris. — Fruits frais à maturité, plein air.......... France.

Hochard, à Paris. — Fruits exotiques..... France.

Lassalle, à Paris. — Fruits exotiques..... France.

CONCOURS DU 22 AOÛT 1900.

Premiers prix.

Association des fermiers du Delaware....... États-Unis.

Baltet (Lucien), à Troyes (Aube).......... France.

Boucher (G.), à Paris.. France.

Bruneau (D.), à Bourg-la-Reine (Seine)...... France.

Bruneau (D.), à Bourg-la-Reine (Seine)...... France.

Cercle d'arboriculture de Montmorency (Seine-et-Oise).......... France.

Chambre de commerce de Naples.......... Italie.

Charmeux, à Thomery (Seine-et-Marne).... France.

Commission de l'état de New-York......... États-Unis.

Cordonnier et fils, à Bailleul (Nord)...... France.

Département de l'Agriculture, Division pomologique........ États-Unis.

École de Fleury-Meudon (Seine-et-Oise)...... France.

École de Fleury-Meudon (Seine-et-Oise)..... France.

Jardin botanique de Palerme.......... Italie.

Lapierre et fils, à Montrouge (Seine)....... France.

Lecointe, à Louveciennes (Seine-et-Oise)...... France.

Ledoux, à Fontenay-sous-Bois (Seine)........ France.

Millet et fils, à Bourg-la-Reine (Seine)..... France.

Moreau, à Fontenay-sous-Bois (Seine)........ France.

Parent oncle et neveu, à Rueil (Seine-et-Oise).. France.

Rothberg, à Gennevilliers (Seine).......... France.

Rovelli frères, à Palenza. Italie.

Salomon et fils, à Thomery (Seine-et-Marne). France.

Société d'horticulture d'Argenteuil (Seine).. France.

Société d'horticulture de l'état d'Illinois... États-Unis.

Société d'horticulture de l'état du Missouri. États-Unis.

Société régionale d'horticulture de Montreuil-sous-Bois (Seine)..... France.

Société régionale d'horticulture de Montreuil-sous-Bois (Seine). ... France.

Société régionale d'horticulture de Montreuil-sous-Bois (Seine). ... France.

Société régionale d'horticulture de Montreuil-sous-Bois (Seine). ... France.

Société régionale d'horticulture de Montreuil-sous-Bois (Seine). ... France.

Société régionale d'horticulture de Vincennes (Seine).......... France.

Vood (Charles), à Washington.......... États-Unis.

Whir, à Deuil (Seine-et-Oise).......... France.

Deuxièmes prix.

Bruneau (D.), à Bourg-la-Reine (Seine)...... France.

Bruneau (D.), à Bourg-la-Reine (Seine)...... France.

Husband (Joseph), à Léanderville.......... États-Unis.

Pinard, à Staouëli (Algérie).......... France.

Roux de Badilach, à

Guyottville (Algérie). France.

Salomon et fils, à Thomery (Seine-et-Marne). France.

Société péninsulaire d'horticulture...... États-Unis.

Syndicat de Conflans-Sainte-Honorine (Seine-et-Oise).......... France.

Syndicat de Deuil (Seine-et-Oise)........ France.

Syndicat de Sannois (Seine-et-Oise)........ France.

Wright (Charles), à Seaford.............. États-Unis.

Woldert grocery company, à Tyler........ États-Unis.

Troisièmes prix.

CHEVILLOT, à Thomery (Seine-et-Marne).... France.
MULLER (Antoni), à Nancy (Meurthe-et-Moselle). France.

NELSON, à Lebanon..... États-Unis.
SADRON (O.), à Thomery . (Seine-et-Marne).... France.

SYNDICAT DE FRANCONVILLE (Seine-et-Oise)..... France.
SYNDICAT DE GAGNY (Seine-et-Oise)........... France.

Mentions.

LASSALLE, à Paris.. France.
MARTY (Paulin), à Nébian (Hérault) .... France.
RAYMOND (Moïse), à Carcassonne (Aude)...................................... France.

CONCOURS DU 12 SEPTEMBRE 1900.

Premiers prix.

BALTET (Ernest), à Troyes (Aube)........... France.
BANQUE D'ÉTAT, domaine de Bouroultcha, à Simféropol........... Russie.
BOIVIN, à Louveciennes (Seine-et-Oise)..... France.
BOUCHER (G.), à Paris .. France.
BOUCHER (G.), à Paris .. France.
BRADLEY (Elmer), à Lyons. États-Unis.
BRUNEAU (D.), à Bourg-la-Reine (Seine)....... France.
BRUNEAU (D.), à Bourg-la-Reine (Seine)....... France.
CERCLE D'ARBORICULTURE DE MONTMORENCY (Seine-et-Oise)............ France.
CHAMBRE DE COMMERCE DE NAPLES........... Italie.
CHARMEUX, à Thomery (Seine-et-Marne).... France.
COMMISSION DE L'ÉTAT DE NEW-YORK......... États-Unis.
DEFRESNE (H.) fils, à Vitry (Seine)............ France.
DÉPARTEMENT DE L'AGRICULTURE, Division pomologique............. États-Unis.
ÉCOLE DE FLEURY-MEUDON (Seine-et-Oise)...... France.
HOWARD (A.), à Pocono.. États-Unis.
KAPOUSTINE frères...... Russie.
LECOINTE, à Louveciennes (Seine-et-Oise)...... France.

LUQUET, à Thomery (Seine-et-Marne)......... France.
MILLET et fils, à Bourg-la-Reine (Seine)....... France.
MULLER (Antoni), à Nancy (Meurthe-et-Moselle).. France.
PARENT oncle et neveu, à Rueil (Seine-et-Oise).. France.
PROVINCE DE BRITISH COLUMBIA (Canada). Grde-Bretagne.
PROVINCE DE NEW-BRUNSWICK (Canada).. Grande-Bretagne.
PROVINCE DE NOVA SCOTIA (Canada)..... Grande-Bretagne.
PROVINCE D'ONTARIO (Canada)....... Grande-Bretagne.
PROVINCE DE QUÉBEC (Canada)........ Grande-Bretagne.
REFUGE DU PLESSIS-PIQUET (Seine)........... France.
ROTHBERG, à Gennevilliers (Seine)........... France.
SALOMON et fils, à Thomery (Seine-et-Marne). France.
SALOMON et fils, à Thomery (Seine-et-Marne). France.
SALOMON et fils, à Thomery (Seine-et Marne). France.
SARIBAN, à Aloushta..... Russie.
SOCIÉTÉ HORTICOLE, VIGNERONNE ET FORESTIÈRE DE L'AUBE, à Troyes (Aube). France.
SOCIÉTÉ D'HORTICULTURE D'ARGENTEUIL (Seine-et-Oise)............. France.

SOCIÉTÉ D'HORTICULTURE DE L'ÉTAT D'ILLINOIS..... États-Unis.
SOCIÉTÉ D'HORTICULTURE DE L'ÉTAT DE MISSOURI.... États-Unis.
SOCIÉTÉ IMPÉRIALE D'ARBORICULTURE DE RUSSIE, Section de Karassoubazar............ Russie.
SOCIÉTÉ IMPÉRIALE D'HORTICULTURE DE RUSSIE, Section de Simféropol... Russie.
SOCIÉTÉ RÉGIONALE D'HORTICULTURE DE MONTREUIL-SOUS-BOIS (Seine).... France.
SOCIÉTÉ RÉGIONALE D'HORTICULTURE DE MONTREUIL-SOUS-BOIS (Seine).... France.
SOCIÉTÉ RÉGIONALE D'HORTICULTURE DE MONTREUIL-SOUS-BOIS (Seine).... France.
SOCIÉTÉ RÉGIONALE D'HORTICULTURE DE MONTREUIL-SOUS-BOIS (Seine).... France.
SOCIÉTÉ RÉGIONALE D'HORTICULTURE DE MONTREUIL-SOUS-BOIS (Seine).... France.
SOCIÉTÉ RÉGIONALE D'HORTICULTURE DE VINCENNES (Seine)........... France.
SYNDICAT DE SANNOIS (Seine-et-Oise)........... France.
WHIH, à Deuil (Seine-et-Oise)............. France.
YANKOVSKY, à Varsovie... Russie.

Deuxièmes prix.

ARLINGTON FRUIT COMPANY, à Riverside .... États-Unis.
ASILE SAINTE-ANNE, à Paris............. France.

ASILE DE VILLE-ÉVRARD (Seine-et-Oise)..... France.
BAIER (M.), à Porterville. États-Unis.
CHAROLLOIS, à la Montée-

Noire, par le Creusot (Saône-et-Loire).... France.
CHEVILLOT, à Thomery (Seine-et-Marne).... France.

LISTE DES RÉCOMPENSES.

ÉCOLE DE FLEURY-MEUDON (Seine-et-Oise)..... France.
ÉCOLE D'HORTICULTURE DE ZAWADA.......... Russie.
FROST (G.), à Porterville. États-Unis.
FULLER (Henry), à Redlands............ États-Unis.
JOURDAIN, à Maurecourt (Seine-et-Oise)..... France.
KÉFÉLI.............. Russie.
LAPIERRE et fils, à Montrouge (Seine)....... France.
LECOINTE, à Louveciennes (Seine-et-Oise)..... France.

LEROUX, à Travecy (Aisne). France.
MAUDE (E.), à Riverside. États-Unis.
PASSET, à Boulogne (Seine). France.
PINARD frères, à Staouëli (Algérie)......... France.
PLACE et Cⁱᵉ, à Paris.... France.
PROVINCE DU PRINCE-ÉDOUARD (Canada). Gde-Bretagne.
RIVERSIDE ORANGE COMPANY, à Riverside...... États-Unis.
SADRON (O.), à Thomery (Seine-et-Marne).... France.

SOCIÉTÉ RÉGIONALE D'HORTICULTURE DE VINCENNES (Seine)........... France.
SYNDICAT DE BESSANCOURT (Seine-et-Oise)...... France.
SYNDICAT DE CONFLANS-SAINTE-HONORINE (Seine-et-Oise)......... France.
SYNDICAT DE FRANCONVILLE (Seine-et-Oise)...... France.
SYNDICAT DE LINAS (Seine-et-Oise)........... France.
VORIS (F.), à Néoga.... États-Unis.

Troisième prix.

HERBERT POST, à Fort-Worth.. États-Unis.

Mentions honorables.

BAVEREY, à Paris....... France.
CASABLANCAS, à Paris... France.

ÉCOLE DE FLEURY-MEUDON (Seine-et-Oise)...... France.

SADRON (O.), à Thomery (Seine-et-Marne).... France.

CONCOURS DU 26 SEPTEMBRE 1900.

Premiers prix.

ASILE DE VILLE-ÉVRARD (Seine-et-Oise)...... France.
BABCOCK (E.-F.), à Waitsburg............. États-Unis.
BALTET (Lucien), à Troyes (Aube)........... France.
BATHO (W.-J.), à Londres. Grande-Bretagne.
BOUCHER (G.), à Paris.. France.
BOUCHER (G.), à Paris.. France.
BOUCHER (G.), à Paris... France.
BRUNEAU (D.), à Bourg-la-Reine (Seine)....... France.
BRUNEAU (D.), à Bourg-la-Reine (Seine)....... France.
BRUNEAU (D.), à Bourg-la-Reine (Seine)....... France.
BRUNEAU (D.), à Bourg-la-Reine (Seine)....... France.
BRUNEAU (D.), à Bourg-la-Reine (Seine)....... France.
CARNET (Léon), au Mesnil-Amelot (Seine-et-Marne)....... France.
CERCLE D'ARBORICULTURE DE MONTMORENCY (Seine-et-Oise)............. France.
CERCLE D'HORTICULTURE DE MONTMORENCY (Seine-et-Oise)............ France.

CERCLE ROYAL D'ARBORICULTURE DE LIÈGE....... Belgique.
CERCLE ROYAL D'ARBORICULTURE DE LIÈGE....... Belgique.
CERCLE ROYAL D'ARBORICULTURE DE LIÈGE....... Belgique.
CERCLE ROYAL D'ARBORICULTURE DE LIÈGE....... Belgique.
CERCLE ROYAL D'ARBORICULTURE DE LIÈGE....... Belgique.
CHAMBRE DE COMMERCE DE NAPLES............ Italie.
CHAROLLOIS, à la Montée-Noire (Saône-et-Loire). France.
CHEVILLOT, à Thomery (Seine-et-Marne).... France.
COMMISSION DE L'ÉTAT DE NEW-YORK........... États-Unis.
CORDONNIER fils, à Bailleul (Nord)........... France.
CORDONNIER fils, à Bailleul (Nord)........... France.
DÉPARTEMENT DE L'AGRICULTURE, Division pomologique.......... États-Unis.
ÉCOLE DE FLEURY-MEUDON (Seine-et-Oise)...... France.
ÉCOLE DE FLEURY-MEUDON (Seine-et-Oise)...... France.

ÉCOLE DE FLEURY-MEUDON (Seine-et-Oise)...... France.
ÉCOLE DE FLEURY-MEUDON (Seine-et-Oise)...... France.
ÉCOLE DE FLEURY-MEUDON (Seine-et-Oise)...... France.
ELWANGER BARRY, à Rochester............ États-Unis.
ÉTABLISSEMENT SAINT-NICOLAS, à Igny (Seine). France.
GONJON, à Épinay (Seine). France.
GOUVERNEMENT DU CANADA. Grande-Bretagne.
HAGE, à Courtrai...... Belgique.
HENRIOULLE, à Bovelingen. Belgique.
HENRIOLLLE, à Bovelingen. Belgique.
LAPIERRE et fils, à Montrouge (Seine)........ France.
LAPIERRE et fils, à Montrouge (Seine)....... France.
LECOINTE (A.), à Louveciennes (Seine-et-Oise) France.
LECOINTE (A.), à Louveciennes (Seine-et-Oise) France.
LECONTE (Henri), à Paris. France.
LECOÛTE (Victor), à Quincy-Ségy (Seine-et-Marne). France.
LEROUX, à Travecy (Aisne) France.

Millet et fils, à Bourg-la-Reine (Seine) ...... France.
Muller (Antoni), à Nancy (Meurthe-et-Moselle). France.
Paillet fils, à Chatenay (Seine)........... France.
Parent oncle et neveu, à Rueil (Seine-et-Oise). France.
Perdoux, à Bergerac (Dordogne)............ France.
Perdoux, à Bergerac (Dordogne)............ France.
Perdoux, à Bergerac (Dordogne)............ France.
Perdoux, à Bergerac (Dordogne). — Fruits.... France.
Perrotin, à Angoulème (Charente)........... France.
Pinguet-Guindon, à Saint-Symphorien (Indre-et-Loire)............. France.
Puttemans, à Tirlemont. Belgique.
Puttemans, à Tirlemont. Belgique.
Refuge du Plessis-Piquet (Seine)........... France.
Rothberg, à Gennevilliers (Seine)........... France.
Rothberg, à Gennevilliers (Seine)........... France.
Roux, à Thiais (Seine).. France.
Salomon et fils, à Thomery (Seine-et-Marne).... France.
Salomon et fils, à Thomery (Seine-et-Marne).... France.
Salomon et fils, à Thomery (Seine-et-Marne).... France.
Salomon et fils, à Thomery (Seine-et-Marne).... France.
Savart, à Bagnolet (Seine)............... France.
Société des horticulteurs de Nantes (Loire-Inférieure).......... France.

Société d'horticulture et botanique du Havre (Seine-Inférieure).... France.
Société d'horticulture et botanique du Havre (Seine-Inférieure)... France.
Société d'horticulture et botanique du Havre (Seine-Inférieure).... France.
Société d'horticulture de Boulogne-sur-Seine (Seine)............ France.
Société d'horticulture de Dammartin (Seine-et-Marne)........... France.
Société d'horticulture de l'État d'Illinois..... États-Unis.
Société d'horticulture de l'État du Kansas .... États-Unis.
Société d'horticulture de l'État du Missouri... États-Unis.
Société d'horticulture du Loir-et-Cher, à Blois (Loir-et-Cher).... France.
Société d'horticulture d'Orléans et du Loiret, à Orléans (Loiret)... France.
Société d'horticulture d'Orléans et du Loiret, à Orléans (Loiret)... France.
Société d'horticulture et de petite culture de Soissons (Aisne)..... France.
Société d'horticulture et de petite culture de Soissons (Aisne).... France.
Société d'horticulture et de petite culture de Soissons (Aisne).... France.
Société d'horticulture de Sedan, à Sedan (Ardennes)........... France.
Société nantaise d'horticulture, à Nantes (Loire-Inférieure)... France.

Société nantaise d'horticulture, à Nantes (Loire-Inférieure)... France.
Société régionale d'horticulture de Montreuil-sous-Bois (Seine).... France.
Société régionale d'horticulture de Montreuil-sous-Bois (Seine).... France.
Société régionale d'horticulture de Montreuil-sous-Bois (Seine).... France.
Société régionale d'horticulture de Montreuil-sous-Bois (Seine).... France.
Société régionale d'horticulture de Montreuil-sous-Bois (Seine).... France.
Société régionale d'horticulture de Montreuil-sous-Bois (Seine).... France.
Société régionale d'horticulture de Vincennes (Seine)........... France.
Station expérimentale de New-York......... États-Unis.
Station expérimentale de New-York......... États-Unis.
Syndicat de Conflans-Sainte-Honorine (Seine-et-Oise).......... France.
Syndicat de Linas (Seine-et-Oise)......... France.
Syndicat de Thomery (Seine-et-Marne)....... France.
Union horticole de Liège. Belgique.
Union horticole de Liège. Belgique.
Union horticole de Liège. Belgique.
Union horticole de Liège. Belgique.
Whir, à Deuil (Seine-et-Oise)............ France.

Deuxièmes prix.

Arlington fruit company, à Riverside......... États-Unis.
Asile clinique Sainte-Anne, à Paris....... France.
Association des fermiers du Delaware........ États-Unis.
Cercle royal d'arboriculture de Liège....... Belgique.
Cercle royal d'arboriculture de Liège....... Belgique.
Cercle royal d'arboriculture de Liège....... Belgique.
Delos-Tenny, à Hilton.. États-Unis.
Établissement Saint-Ni-

...colas, à Igny (Seine-et-Oise)........... France.
Girault (Camille), à Thomery (Seine-et-Marne) France.
Green, à Schousen..... Allemagne.
Jourdain, à Maurecourt (Seine-et-Oise)...... France.
Jullet, à Liège........ Belgique.
Jullet, à Liège........ Belgique.
Jullet, à Liège........ Belgique.
Lecointe, à Louveciennes (Seine-et-Oise)..... France.
Lecoûte (Victor), à Quin-

...cy-Segy (Seine-et-Marne)............. France.
Leroux et Cie, à Sartrouville (Seine-et-Oise).. France.
Lequet, à Thomery (Seine-et-Marne). — Raisins............. France.
Perdoux, à Bergerac (Dordogne)......... France.
Pisard frères, à Staouëli (Algérie)........... France.
Pinguet-Guindon, à Saint-Symphorien (Indre-et-Loire)........... France.

Place et Cⁱᵉ, à Paris.... France.
Rohonczy (Gédeon de), à Török-Becse....... Hongrie.
Rothberg, à Gennevilliers (Seine)........... France.
Rothberg, à Gennevilliers (Seine)........... France.
Rothberg, à Gennevilliers (Seine).......... France.
Rothberg, à Gennevilliers (Seine)........... France.
Sabbon (O.), à Thomery (Seine-et-Marne)... France.
Santelli, à Orly (Seine). France.
Shaw (Fred.), à Summer-Hill............ États-Unis.
Société des horticulteurs de Nantes (Loire-Inférieure)........... France.
Société des horticulteurs de Nantes (Loire-Inférieure)........... France.
Société des horticulteurs de Nantes (Loire-Inférieure)........... France.
Société des horticulteurs de Nantes (Loire-Inférieure)........... France.
Société d'horticulture de Lisieux (Calvados)... France.
Société d'horticulture de Saône-et-Loire, à Mâcon (Saône-et-Loire) France.
Société nantaise d'horticulture, à Nantes (Loire-Inférieure).... France.
Société péninsulaire d'horticulture......... États-Unis.
Société régionale d'horticulture de Montreuil-sous-Bois (Seine).... France.
Société régionale d'horticulture de Montreuil-sous-Bois (Seine) ... France.
Société régionale d'horticulture de Montreuil-sous-Bois (Seine).... France.
Société régionale d'horticulture de Montreuil-sous-Bois (Seine).... France.
Société régionale d'horticulture de Vincennes (Seine)........... France.
Société régionale d'horticulture de Vincennes (Seine)........... France.
Syndicat de Bessancourt (Seine-et-Oise)...... France.
Syndicat de Franconville (Seine-et-Oise)...... France.
Syndicat de Sarcelles (Seine-et-Oise)...... France.
Union horticole de Liège. Belgique.
Union horticole de Liège. Belgique.
Union horticole de Liège. Belgique.
Union horticole de Nogent-sur-Marne (Seine). France.
Wright (Ch.) à Seaford. États-Unis.

Troisièmes prix.

Casablancas, à Paris.... France.
Établissement Saint-Nicolas, à Igny (Seine-et-Oise)............. France.
Jullet, à Liège........ Belgique.
Jullet, à Liège........ Belgique.
Lassalle, à Paris...... France.
Mouret, à Paris....... France.
Perdoux, à Bergerac (Dordogne)........... France.
Pinguet-Guindon, à Saint-Symphorien (Indre-et-Loire)........... France.
Rothberg, à Gennevilliers (Seine)........... France.
Syndicat de Mareil-Marly (Seine-et-Oise)...... France.
Union horticole de Liège. Belgique.
Union horticole de Liège. Belgique.

Mentions.

Hochard, à Paris...... France.
Pinguet-Guindon, à Saint-Symphorien (Indre-et-Loire)........... France.
Puttemans, à Tirlemont. Belgique.
Société des horticulteurs de Nantes (Loire-Inférieure)........... France.
Société des horticulteurs de Nantes (Loire-Inférieure)........... France.
Société des horticulteurs de Nantes (Loire-Inférieure)........... France.

CONCOURS DU 10 OCTOBRE 1900.

Premiers prix.

Abelin (Rudolf)....... Suède.
Asile clinique Sainte-Anne, à Paris....... France.
Association d'Ontario (Canada)........ Grande-Bretagne.
Baltet (Ernest), à Troyes (Aube)........... France.
Baltet (Lucien), à Troyes (Aube)............ France.
Banque d'état, Domaine de Bouroultcha, à Simférépol............ Russie.
Blengleroff, à Karassou-bazar............ Russie.
Boucher (G.), à Paris.. France.
Boucher (G.), à Paris.. France.
Boucher (G.), à Paris.. France.
Boutkoff, à Astrakan... Russie.
Brisard, à Saint-Hilaire-lès-Mortagne (Orne).. France.
Bruneau (D.), à Bourg-la-Reine (Seine)....... France.
Carnet (Léon), au Mesnil-Amelot (Seine-et-Marne)........... France.
Cercle d'arboriculture de Montmorency (Seine-et-Oise)........... France.
Cercle d'arboriculture de Montmorency (Seine-et-Oise)........... France.
Chevillot, à Thomery (Seine-et-Marne)..... France.
Commission de l'état de New-York........ États-Unis.
Commune de Weimersheim. Allemagne.
Comité des horticulteurs allemands......... Allemagne.
Comité des pomologistes allemands......... Allemagne.
Cordonnier et fils, à Bailleul (Nord)........ France.

CORDONNIER et fils, à Bailleul (Nord)......... France.

DALPHIN, à Villemomble (Seine)........... France.

DEFRESNE (H.) fils, à Vitry (Seine)........... France.

DEFRESNE (H.) fils, à Vitry (Seine)........... France.

DEFRESNE (H.) fils, à Vitry (Seine)........... France.

DEFRESNE (H.) fils, à Vitry (Seine)........... France.

DEFRESNE (H.) fils, à Vitry (Seine)........... France.

DELAMÉ, à Bosmont (Aisne)........... France.

DÉPARTEMENT DE L'AGRICULTURE, Division pomologique............. États-Unis.

DOUGOUDJYEFF frères, à Karassoubazar....... Russie.

DZUBIKE (M.), à Simféropol............... Russie.

ÉCOLE DE FLEURY-MEUDON, à Meudon (Seine-et-Oise). France.

ÉCOLE DE FLEURY-MEUDON, à Meudon (Seine-et-Oise). France.

ÉCOLE D'HORTICULTURE DE CHARLES ZAWADA..... Russie.

ÉCOLE PRATIQUE DE L'ÉTAT DE KUNSTENDIL....... Bulgarie.

ÉCOLE ROYALE DE POMOLOGIE ET D'HORTICULTURE DE FLORENCE........ Italie.

ÉCOLE DE VILLEPREUX (Seine-et-Oise)...... France.

ECHTERMEYER, à Postdam. Allemagne.

ÉTABLISSEMENT SAINT-NICOLAS, à Igny (Seine-et-Oise)............. France.

ÉTABLISSEMENT SAINT-NICOLAS, à Igny (Seine-et-Oise)............. France.

EVE, à Bagnolet (Seine). France.

GAUCHER, à Stuttgart... Allemagne.

GOUVERNEMENT DU CANADA.......... Grande-Bretagne.

IRICH (J.-A.), à Bachtchisaray............. Russie.

JARDIN IMPÉRIAL DE NIKITA. Russie.

JOURDAIN père, à Maurecourt (Seine-et-Oise). France.

KAPOUSTINE, à Aloushta.. Russie.

KREISVEREIN, à Bautzen.. Allemagne.

LADÉ (Baron DE), à Geisenheim........... Allemagne.

LEBEDEFF (Th.-N.), à Astrakan............. Russie.

LECOINTE, à Louveciennes (Seine-et-Oise)...... France.

LEDOUX, à Fontenay-sous-Bois (Seine)........ France.

LOUIS, au château de la Brosse, par Montereau (Seine-et-Marne)... >. France.

LUQUET, à Thomery (Seine-et-Marne).......... France.

MAS (J.), à Beauvais (Oise)............. France.

MÉRENKOFF, à Borovsk... Russie.

MILLET et fils, à Bourg-la-Reine (Seine)....... France.

MINISTÈRE DE L'AGRICULTURE, à Sofia........... Bulgarie.

MOREAU, à Fontenay-sous-Bois (Seine)........ France.

MOTTHEAU, à Thorigny (Seine-et-Marne).... France.

NAVROTSKY (Mme O.-P.), à Romny............ Russie.

OMONT, à Bourgtheroulde (Eure)............. France.

OMONT, à Bourgtheroulde (Eure)............. France.

OULRIKH, à Varsovie.... Russie.

PAILLET fils, à Châtenay (Seine)............. France.

PAILLET fils, à Châtenay (Seine)............. France.

PAILLET fils, à Châtenay (Seine)............. France.

PARENT oncle et neveu, à Rueil (Seine-et-Oise). France.

PLACE et Cie, à Paris.... France.

PEKBUN (A.), à Dresde.. Allemagne.

PELLERIN, à Bagnolet (Seine)............ France.

PRENVEILLE, à Saint-Just-en-Chaussée (Oise)... France.

PRENVEILLE, à Saint-Just-en-Chaussée (Oise)... France.

PRENVEILLE, à Saint-Just-en-Chaussée (Oise)... France.

PROVINCE DE NOVA-SCOTIA (Canada)..... Grande-Bretagne.

PROVINCE D'ONTARIO (Canada)........ Grande-Bretagne.

PROVINCE DE QUÉBEC (Canada)........ Grande-Bretagne.

ROTHBERG, à Gennevilliers (Seine)........... France.

RUPRECHT (J.) et fils, à Lindau............ Allemagne.

SADRON (O.), à Thomery (Seine-et-Marne)..... France.

SALOMON et fils, à Thomery (Seine-et-Marne).... France.

SARIBAN, à Aloushta.... Russie.

SELINOFF (J.), à Karassoubazar.......... Russie.

SHISHMANN et BOBOWITCH, à Karassoubazar..... Russie.

SIESMAYER frères, à Bockenheim........... Allemagne.

SOCIÉTÉ HORTICOLE, VIGNERONNE ET FORESTIÈRE DE L'AUBE, à Troyes (Aube)............. France.

SOCIÉTÉ HORTICOLE, VIGNERONNE ET FORESTIÈRE DE L'AUBE, à Troyes (Aube)............. France.

SOCIÉTÉ HORTICOLE, VIGNERONNE ET FORESTIÈRE DE L'AUBE, à Troyes (Aube). France.

SOCIÉTÉ D'HORTICULTURE DE DOUAI (Nord)....... France.

SOCIÉTÉ D'HORTICULTURE DE L'ÉTAT D'ILLINOIS..... États-Unis.

SOCIÉTÉ D'HORTICULTURE DE L'ÉTAT D'IOWA....... États-Unis.

SOCIÉTÉ D'HORTICULTURE DE L'ÉTAT DU KANSAS.... États-Unis.

SOCIÉTÉ D'HORTICULTURE DE L'ÉTAT DU MISSOURI... États-Unis.

SOCIÉTÉ D'HORTICULTURE DE FONTENAY-LE-COMTE (Vendée).......... France.

SOCIÉTÉ D'HORTICULTURE DE LIMOGES (Hte-Vienne).. France.

SOCIÉTÉ D'HORTICULTURE DE LIMOGES (Hte-Vienne).. France.

SOCIÉTÉ D'HORTICULTURE DE MEULAN (Seine-et-Oise). France.

SOCIÉTÉ D'HORTICULTURE DE NORMANDIE, à Lisieux (Calvados)......... France.

SOCIÉTÉ D'HORTICULTURE DE PICARDIE, à Amiens (Somme)......... France.

SOCIÉTÉ D'HORTICULTURE DE PICARDIE, à Amiens (Somme)......... France.

SOCIÉTÉ D'HORTICULTURE DE PICARDIE, à Amiens (Somme)......... France.

SOCIÉTÉ D'HORTICULTURE DE PONT-L'ÉVÊQUE (Calvados)............. France.

SOCIÉTÉ D'HORTICULTURE DE PONT-L'ÉVÊQUE (Calvados)............. France.

SOCIÉTÉ D'HORTICULTURE DE PONT-L'ÉVÊQUE (Calvados)............. France.

SOCIÉTÉ D'HORTICULTURE DE VILLEMOMBLE (Seine).. France.

SOCIÉTÉ D'HORTICULTURE DE VIMOUTIERS (Orne)... France.

SOCIÉTÉ IMPÉRIALE D'ARBORICULTURE DE RUSSIE, à Aloushta.......... Russie.

Société impériale d'horticulture de Russie, Section de Simféropol ... Russie.
Société pomologique de Nova Scotia (Canada) ... Grande-Bretagne.
Société pomologique d'Ontario (Canada). Grande-Bretagne.
Société pomologique de Pinneberg-Holstein ... Allemagne.
Société pomologique de Québec (Canada). Grande-Bretagne.
Société pomologique de Werder, à Havel ... Allemagne.
Société régionale d'horticulture de Montreuil-sous-Bois (Seine) ... France.
Société régionale d'horticulture de Montreuil-sous-Bois (Seine) ... France.
Société régionale d'horticulture de Montreuil-sous-Bois (Seine) ... France.
Société régionale d'horticulture de Montreuil-sous-Bois (Seine) ... France.
Société régionale d'horticulture de Montreuil-sous-Bois (Seine) ... France.
Société régionale d'horticulture de Montreuil-sous-Bois (Seine) ... France.
Société régionale d'horticulture de Montreuil-sous-Bois (Seine) ... France.
Société régionale d'horticulture de Vincennes (Seine) ... France.
Société régionale d'horticulture de Vincennes (Seine) ... France.
Souvoroff (Mme N.-V.), à Riazan ... Russie.
Station expérimentale du collège d'agriculture du Michigan ... États-Unis.
Syndicat de Conflans-Sainte-Honorine (Seine-et-Oise) ... France.
Syndicat de Mareil-Marly (Seine-et-Oise). France.
Syndicat de Sannois (Seine-et-Oise) ... France.
Syndicat de Thomery (Seine-et-Marne) ... France.
Vincenheller (W.-G.) ... États-Unis.
Whir, à Deuil (Seine-et-Oise) ... France.

Deuxièmes prix.

Alexeieff (J.-J.), à Astrakam ... Russie.
Baéza (Miguel), à Almeira ... Espagne.
Baéza (Roguelio), à Almeira ... Espagne.
Bell (D.), à Brighton ... États-Unis.
Bouguer (G.), à Paris ... France.
Burton (J.-A.), à Orléans. États-Unis.
Carnet (Léon), au Mesnil-Amelot (Seine-et-Marne) ... France.
Chambre de commerce de Naples ... Italie.
Commune de Gaesheim ... Allemagne.
Département de l'agriculture de la Caroline du Nord ... États-Unis.
Driese, à Gross-Cammin. Allemagne.
Dunlap (H.-M.), à Savoy. États-Unis.
Fosselman (C.-S.), à Weiser ... États-Unis.
Girault, à Thomery (Seine-et-Marne) ... France.
Glasenap (S.-P.), à Louga ... Russie.
Guillemard, à Manéglisse (Seine-Inférieure) ... France.
Huber, à Halle ... Allemagne.
Karazine (J.-J.), à Krasnokoutsk ... Russie.
Kirienko ... Russie.
Korwatz, à Mélitopol ... Russie.
Lacaille, à Belleville-en-Caux (Seine-Inférieure) ... France.
Lebugle, à Camembert (Orne) ... France.
Lecointe, à Louveciennes (Seine-et-Oise) ... France.
Leroux et Cie, à Sartrouville (Seine-et-Oise) ... France.
Lupton (S.-L.), à Winchester ... États-Unis.
Millet et fils, à Bourg-la-Reine (Seine) ... France.
Murell (G.), à Fontella. États-Unis.
Orland (José-Maria), à Almeira ... Espagne.
Parent oncle et neveu, à Rueil (Seine-et-Oise). France.
Pavlenko (Jacob), à Kiew. Russie.
Perrine, à Blue-Lakes ... États-Unis.
Pinard frères, à Staouëli (Algérie) ... France.
Rohr (G.), à Dobbertin. Allemagne.
Société horticole de Lindau ... Allemagne.
Société d'horticulture de l'État d'Idaho ... États-Unis.
Société d'horticulture de l'État d'Ohio ... États-Unis.
Société d'horticulture de l'État de Virginie ... États-Unis.
Syndicat agricole des cantons de Meulan, Poissy, Marines, Limay (Seine-et-Oise) ... France.
Syndicat de Franconville (Seine-et-Oise) ... France.
Tessier, à Veneux-Nadon (Seine-et-Marne) ... France.
Toumanoff, à Karassou-bazar ... Russie.
Zurn, à Gottmannsbühl. Allemagne.

Troisièmes prix.

Brechemier, à Gien (Loiret) ... France.
Casablancas, à Paris ... France.
Ciralli (Algérie) ... France.
Fischer (R.), à Frienhagen ... Allemagne.
Gordagne (C.), à Kiew ... Russie.
Kiehnle (Auguste), à Bade-Bade ... Allemagne.
Koudoverdoff, à Kharkoff. Russie.
Lecointe, à Louveciennes (Seine-et-Oise) ... France.
Lecomte, à Paris ... France.
Prenveille, à Saint-Just-en-Chaussée (Oise). France.
Rothberg, à Gennevilliers (Seine) ... France.
Schlichting, à Marne-Holstein ... Allemagne.
Stanislawsky, à Kharkoff. Russie.
Société d'horticulture de

VIMOUTIERS, à Vimoutiers (Orne)........ France.
SOCIÉTÉ D'HORTICULTURE DE NORMAN-

DIE, à Lisieux (Calvados)............. France.
TÉVIACHOFF, à Bobrov... Russie.

WASLLOFF (Mme), à Kharkoff............. Russie.
ZEMSTWO DE KOROTCHA... Russie.

Mentions honorables.

CARNET (Léon), au Mesnil-Amelot (Seine-et-Marne)........... France.
CLAVEL, au Bausset (Var). France.

DELAMÉ, à Bosmont (Aisne)............ France.
HOCHARD, à Paris...... France.
LASSALLE, à Paris...... France.

SOCIÉTÉ D'HORTICULTURE DE NORMANDIE, à Lisieux (Calvados)........ France.

CONCOURS DU 24 OCTOBRE 1900.

Premiers prix.

ALPI et Cie, à Gorice. — Fruits............ Autriche.
ANDRY, à Thomery (Seine-et-Marne). — Raisins. France.
ARÈNE (Casimir), à Solliès-Pont (Var). — Kakis du Japon......... France.
ASSOCIATION AGRICOLE, à Gralla. — Fruits.... Autriche.
ASSOCIATION AGRICOLE ROTHWEIN, près Marburg. — Fruits......... Autriche.
ASSOCIATION DE CULTURE FRUITIÈRE DE LA STYRIE CENTRALE, à Graz. — Fruits............ Autriche.
ASSOCIATION DE PRODUCTEURS FRUITIERS, à Sachsenfeld. — Fruits... Autriche.
ATTEMS (Comte H. D'). — Fruits............ Autriche.
AUDIBERT, à la Crau (Var). — Kakis du Japon... France.
BABCOCK (E.-F.) à Waitsburg. — Pommes.... États-Unis.
BALTET (Lucien), à Troyes (Aube). — Fruits et semis............ France.
BISSON, à Alençon (Orne). — Fruits.......... France.
BOUCHER (G.), à Paris (Seine). — Corbeilles de fruits.......... France.
BOUCHER (G.), à Paris (Seine). — Fruits à cidre............ France.
BRUNEAU (D.), à Bourg-la-Reine (Seine). — Corbeilles de fruits..... France.
BRUNEAU (D.), à Bourg-la-Reine (Seine). — Fruits. France.
CAMPITELLI (Dr). — Fruits. Autriche.
CARNET (Léon), au Mesnil-Amelot, près Dammartin (Seine-et-Marne). — Corbeilles de fruits. France.

CARNET (Léon), au Mesnil-Amelot, près Dammartin (Seine-et-Marne). — Fruits......... France.
CERCLE D'ARBORICULTURE DE MONTMORENCY (Seine-et-Oise). — Corbeilles de fruits............ France.
CERCLE D'ARBORICULTURE DE MONTMORENCY (Seine-et-Oise). — Fruits..... France.
CHEVILLOT, à Thomery (Seine-et-Marne). — Raisins. France.
COMICE D'ENCOURAGEMENT À L'AGRICULTURE ET À L'HORTICULTURE DE SEINE-ET-OISE, à Versailles (Seine-et-Oise). — Poires............ France.
COMICE D'ENCOURAGEMENT À L'AGRICULTURE ET À L'HORTICULTURE DE SEINE-ET-OISE, à Versailles (Seine-et-Oise). — Pommes, raisins..... France.
COMITÉ DIÉTAL STYRIEN, à Graz. — Fruits..... Autriche.
COMMISSION DE L'ÉTAT DE NEW-YORK. — Pommes, poires............ États-Unis.
CORDONNIER et fils, à Bailleul (Nord). — Raisins............. France.
DÉPARTEMENT DE L'AGRICULTURE, Division pomologique............ États-Unis.
DUNLAP (H.-M.), à Savoy. — Pommes........ États-Unis.
ÉCOLE AGRONOMIQUE DE JIÇIN. — Fruits..... Autriche.
ÉCOLE FÉNELON, à Vaujours (Seine-et-Oise). — Poires, pommes...... France.
ÉCOLE DE FLEURY-MEUDON, à Meudon (Seine-et-

Oise). — Lot d'ensemble........... France.
ÉCOLE DE FLEURY-MEUDON, à Meudon (Seine-et-Oise). — Poires..... France.
ÉCOLE DE FLEURY-MEUDON, à Meudon (Seine-et-Oise). — Pommes... France.
ÉCOLE PROVINCIALE DE VITICULTURE ET DES CULTURES FRUITIÈRES, à Krems. — Fruits.......... Autriche.
ÉTABLISSEMENT SAINT-NICOLAS, à Igny (Seine-et-Oise). — Corbeilles... France.
ÉTABLISSEMENT SAINT-NICOLAS, à Igny (Seine-et-Oise). — Poires..... France.
ÉTABLISSEMENT SAINT-NICOLAS, à Igny (Seine-et-Oise). — Pommes... France.
FÉVRIER, à Rungis (Seine). — Collection de fruits. France.
GOUVERNEMENT DU CANADA........ Grande-Bretagne.
GUERRE (Joseph), à Bécon-les-Bruyères (Seine). — Fruits divers..... France.
HEIN (Jean). — Fruits.. Autriche.
HUSLIK (W.), à Graz. — Fruits............ Autriche.
JOURDAIN père, à Maurecourt (Seine-et-Oise). — Chasselas........ France.
LABITTE, à Clermont (Oise). — Fruits.......... France.
LABITTE, à Clermont (Oise). — Système d'emballage............ France.
LAVERGNE, à Issy-les-Moulineaux (Seine). — Poires............ France.
LAVERGNE, à Issy-les-Moulineaux (Seine). — Pommes........... France.

Lecointe, à Louveciennes (Seine-et-Oise). — Corbeilles de fruits... France.

Lecointe, à Louveciennes (Seine-et-Oise). — Fruits.............. France.

Ledoux, à Fontenay-sous-Bois (Seine). — Pêches et pommes......... France.

Ledoux, à Fontenay-sous-Bois (Seine). — Poires. France.

Legouey (Mme), à Pomponne (Seine-et-Oise). — Pommes........ France.

Lhermitte, à Avon (Seine-et-Marne). — Raisins. France.

Lobkovitz (Prince Ferdinand de). — Fruits.. Autriche.

Lobkovitz (Prince Moritz de). — Fruits...... Autriche.

Luquet, à Thomery (Seine-et-Marne). — Chasselas. France.

Millet et fils, à Bourg-la-Reine (Seine). — Fraises............ France

Ministère de l'agriculture du Canada. — Pommes..... Grande-Bretagne.

Moreau, à Fontenay-sous-Bois (Seine). — Poires. France.

Moreau, à Fontenay-sous-Bois (Seine). — Pommes, pêches........ France.

Mottheau, à Thorigny (Seine-et-Marne). — Poires............ France.

Mottheau, à Thorigny (Seine-et-Marne). — Poires............ France.

Mottheau, à Thorigny (Seine-et-Marne). — Pommes............ France.

Nova-Scotia commercial exportation. — Fruits....... Grande-Bretagne.

Office central pour le commerce des fruits de la Basse-Autriche. — Fruits......... Autriche.

Ontario commercial exportation. — Fruits. G^{de}-Bretagne.

Orive, à Villeneuve-le-Roi (Seine-et-Oise). — Fruits............ France.

Ozark Orchard company, à Goodman........ États-Unis.

Parent oncle et neveu, à Rueil (Seine-et-Oise). — Pêches......... France.

Pathouot, à Corbigny (Nièvre). — Poires.. France.

Perrine (J.-B.), à Blue-Lakes.............. États-Unis.

Picard-Deneux, à Aibert (Somme). — Fruits. France.

Pirc (Gustave). — Fruits. Autriche.

Place et Cie, à Paris (Seine). — Fruits exotiques............ France.

Province d'Ontario (Canada). — Pommes. G^{de}-Bretagne.

Province de Québec (Canada). — Pommes. G^{de}-Bretagne.

Québec commercial exportation. — Fruits.. G^{de}-Bretagne.

Rethlinger, à Combault (Seine-et-Marne). — Poires............ France.

Rothberg, à Gennevilliers (Seine). — Fruits... France.

Rouault, à Rennes (Ille-et-Vilaine). — Fruits. France.

Rouault, à Rennes (Ille-et-Vilaine). — Raisins............ France.

Sadron (O.), à Thomery (Seine-et-Marne). — Raisins............ France.

Salomon et fils, à Thomery (Seine-et-Marne). — Chasselas........ France.

Salomon et fils, à Thomery (Seine-et-Marne). — Raisins de plein air. France.

Salomon et fils, à Thomery (Seine-et-Marne). — Raisins de serre... France.

Santelli, à Orly (Seine). — Raisins........... France.

Savart, à Montreuil (Seine). — Lot d'ensemble. France.

Société allemande de culture fruitière. — Fruits............ Autriche.

Société d'agriculture de Gonice. — Fruits.... Autriche.

Société d'agriculture de Voralberg. — Fruits. Autriche.

Société d'horticulture d'Argenteuil (Seine-et-Oise). — Collection d'ensemble......... France.

Société d'horticulture de l'état d'Idaho. — Pommes, poires..... États-Unis.

Société d'horticulture de l'état d'Illinois. — Pommes.......... États-Unis.

Société d'horticulture de l'état d'Iowa. — Pommes.......... États-Unis.

Société d'horticulture de l'état du Kansas. — Pommes.......... États-Unis.

Société d'horticulture de l'état du Missouri. — Pommes.......... États-Unis.

Société d'horticulture du Puy-de-Dôme, à Clermont-Ferrand (Puy-de-Dôme). — Fruits. France.

Société d'horticulture de Valenciennes (Nord). — Fruits de semis... France.

Société d'horticulture de Valenciennes (Nord). — Poires.......... France.

Société d'horticulture de Valenciennes (Nord). — Pommes........ France.

Société d'horticulture de Valenciennes (Nord). — Raisins.......... France.

Société d'horticulture d'Yvetot (Seine-Inférieure). — Collection de fruits........... France.

Société impériale d'horticulture de Russie, Section du Caucase, à Tiflis. — Fruits variés. Russie.

Société pomologique de la Basse-Autriche. — Fruits........... Autriche.

Société régionale d'horticulture de Montreuil-sous-Bois (Seine). — Fruits............ France.

Société régionale d'horticulture de Montreuil-sous-Bois (Seine). — Pêches............ France.

Société régionale d'horticulture de Montreuil-sous-Bois (Seine). — Poires............ France.

Société régionale d'horticulture de Montreuil-sous-Bois (Seine). — Pommes............ France.

Société régionale d'horticulture de Montreuil-sous-Bois (Seine). — Semis............ France.

Société régionale d'horticulture de Vincennes (Seine). — Fruits... France.

Société régionale d'horticulture de Vincennes (Seine). — Pêches et raisins............ France.

Société régionale d'horticulture de Vincennes (Seine). — Poires... France.

Société régionale d'horticulture de Vincennes
(Seine). — Pomme.. France.

Station expérimentale des
États-Unis, État de
Michigan. — Pommes,
poires............. États-Unis.

Syndicat de Conflans-
Sainte-Honorine (Seine-
et-Oise). — Lot d'en-
semble............. France.

Syndicat de Gagny (Seine-
et-Oise). — Lot d'en-
semble............. France.

Syndicat des producteurs

de fruits, à Méran. —
Fruits............. Autriche.

Syndicat de Thomery,
(Seine-et-Marne). —
Chasselas.......... France.

Tessier (A.), à Veneux-
Nadon (Seine-et-Mar-
ne). — Chasselas.... France.

Union horticole belge,
à Liège. — Fruits va-
riés.............. Belgique.

Union horticole belge,
à Liège. — Fruits va-
riés.............. Belgique.

Union horticole belge,
à Liège. — Pommes.. Belgique.

Vénuti (Piétro), à Gorice.
— Fruits.......... Autriche.

Vincenrheller, à Fayette-
ville. — Pommes.... États-Unis.

Vincent, à Vitry-sur-Seine
(Seine). — Lot d'en-
semble............ France.

Whir, à Deuil (Seine-et-
Oise). — Raisins.... France.

Widmer (Rudolph-Franz).
— Fruits.......... Autriche.

Deuxièmes prix.

Association provinciale
Salzbourgeoise. —
Fruits............ Autriche.

Brunner (Josef), à Schen-
na. — Fruits....... Autriche.

Bureau, à Thomery (Seine-
et-Marne). — Raisins. France.

Burton (J.), à Orléans
(Indiana). — Pommes
et poires.......... États-Unis.

Casablancas, à Paris. —
Fruits exotiques..... France.

Conseil de culture de
l'archiduché d'Autri-
che. — Fruits...... Autriche.

Dagneaux, à Enghien
(Seine-et-Oise). —
Fruits............ France.

École Fénelon, à Vaujours
(Seine-et-Oise). — Rai-
sins.............. France.

Haller (Johann), à Forst.
— Fruits.......... Autriche.

Hartley, à Coldwell. —
Pommes, poires..... États-Unis.

Howard (A.-C.), à Pocono.
— Pommes........ États-Unis.

Lhermitte, à Avon (Seine-
et-Marne). — Raisins. France.

Liendl (Josef), à Maria-
Saal. — Fruits..... Autriche.

Lupton (S.-L.), à Win-
chester. — Pommes,
poires............ États-Unis.

Ménard-Boureau, à Suè-
vres (Loir-et-Cher). —
Fruits............ France.

Ministère de l'agricul-
ture de la Caroline du
Nord. — Pommes.... États-Unis.

Municipalité de Wolfs-
berg. — Fruits..... Autriche.

Murell (G.), à Fontella.
— Pommes........ États-Unis.

Perquet (Baron Silvério),
à Hirschtetten. —
Fruits............ Autriche.

Picard-Deneux, à Albert
(Somme). — Raisins. France.

Prat, à Aurillac (Cantal).
— Pommes........ France.

Rousseau, à Cissoy (Seine-
et-Marne). — Raisins. France.

Bletz (Raimond). —
Fruits............ Autriche.

Schlik (Comte Ervin). —
Fruits............ Autriche.

Seeland (Ferdinand). —
Fruits............ Autriche.

Société d'agriculture de
la Carinthie. — Fruits. Autriche.

Société d'horticulture de
Cracovie. — Fruits.. Autriche.

Société d'horticulture
de l'Ohio. — Pommes. États-Unis.

Société d'horticulture de
Valenciennes (Nord). —
Corbeilles de fruits... France.

Société d'horticulture de
la Virginie. — Pommes,
poires............ États-Unis.

Société silésienne de Troppau. — Fruits...... Autriche.

Syndicat de Mareil-
Marly, (Seine-et-Oise).
— Lot d'ensemble... France.

Syndicat de Meulan (Seine-
et-Oise). — Fruits... France.

Wiéser (Josef). — Fruits. Autriche.

Troisièmes prix.

Ali Kourtpendinoff, à
Aloushta. — Fruits
variés............ Russie.

Bell (D.-K.), à West
Brigthon. — Poires.. États-Unis.

Bureau du jardinage des
bénédictins, à Kloster-
neubourg. — Fruits.. Autriche.

Casino Mittes. — Fruits. Autriche.

Drugger (Mori). —
Fruits............ Autriche.

Elbe (Antoine). — Fruits. Autriche.

Gessler (Sébastien). —
Fruits............ Autriche.

Marois, à Gauhertin (Loi-
ret). — Fruits divers. France.

Pichler (Antoine). —
Fruits............ Autriche.

Pirker (Alois). — Fruits. Autriche.

Plot (Mme Berthe). —
Fruits............ Autriche.

Schmid. — Fruits..... Autriche.

Sommer (Adalbert). —
Fruits............ Autriche.

Syndicat pour le commerce
de fruits, à Saint-
Pierre-de-Gorice. —
Fruits............ Autriche.

Wilson (H.-Edg.), à Boise.
— Pommes........ États-Unis.

Mentions.

AERENTHAL (Baron Lexa-Johann). — Fruits.. Autriche.

ARITONOWICZ (Christof).— Fruits .... Autriche.

GOJAN (Chevalier Alexandre DE). — Fruits... Autriche.

HOCHARD, à Paris. — Fruits exotiques..... France.

KLOSE (Émile). — Fruits. Autriche.

KULIR (Joseph). — Fruits. Autriche.

LASSALLE, à Paris. — Fruits exotiques..... France.

NESEN (Raimond). — Fruits............. Autriche.

POPOWICZ (F. DE). — Fruits .... Autriche.

PRETSCHMER. — Fruits.. Autriche.

SCHULFINK. — Fruits... Autriche.

TRAUTMANSDORF (Comte Carl). — Fruits..... Autriche.

UNION AGRONOMIQUE ET FORESTIÈRE DE BÖHMISCH. — Fruits.......... Autriche.

WENZEL (Jacob). — Fruits............. Autriche.

CLASSE 46.

Arbres, arbustes, plantes et fleurs d'ornement.

LISTE DU JURY.

Lévêque (Louis), *président*	France.	Foukouba (Hayato)	Japon.
Jurissen (J.), *vice-président*	Pays-Bas.	Gemen (Charles)	Luxembourg.
Martinet (Henri), *rapporteur*	France.	Gilibert (Paul)	Monaco.
Sallier (Joanni), *secrétaire*	France.	Joly (Charles)	France.
Ausseur-Sertier	France.	Moser (Jean)	France.
Benary (Ernst)	Allemagne.	Rodigas	Belgique.
Choiseul (Comte Horace de)	France.	Soupert (Jean)	Luxembourg.
Croux (Gustave)	France.	Tavernier (François)	France.
Deny (Eugène)	France.	Vacherot (Jules)	France.

EXPERTS.

Augis	France.	Henry (Louis)	France.
Bruant (G.)	France.	Jupeau (Léon)	France.
Chabannes	France.	Lemoine (V.)	France.
Chartier (H.)	France.	Lionnet (Z.)	France.
Choulet	France.	Marchand (G.)	France.
Cochet (Pierre)	France.	Milnard (E.)	France.
Cordonnier (Anatole)	France.	Pinguet-Guindon	France.
Crouée (De la)	France.	Pirox (Médard)	France.
Debrie (Gabriel)	France.	Ragueneau	Monaco.
Driger (V.)	France.	Sahut	France.
Ducerf (A.)	France.	Trevve fils	France.
Gravereau (A.)	France.	Van den Heede (A.)	France.
Gravereaux (J.)	France.	Vigneron	France.
Guillot	France.		

Hors concours.

Baltet (Charles), à Troyes (Aube)	France.	Jurissen et fils, à Naarden	Pays-Bas.
Barbier et Cie, à Orléans (Loiret)	France.	Lévêque et fils, à Ivry-sur-Seine (Seine).	France.
Benary (Ernst), à Erfürt	Allemagne.	Martin-Cahuzac, à Floirac (Gironde)	France.
Cayeux et Le Clerc, à Paris	France.	Moser (Jean), à Versailles (Seine-et-Oise)	France.
Commission impériale du Japon	Japon.		
Cordonnier et fils, à Bailleul (Nord)	France.	Rivoire et fils, à Lyon (Rhône)	France.
Couturier-Mention et neveu, à Saint-Michel-Bougival (Seine-et-Oise)	France.	Sallier (Joanni), à Neuilly-sur-Seine (Seine)	France.
Croux et fils, au Val-d'Aulnay, par Chatenay (Seine)	France.	Seidel (Rudolph), à Grungräbchen	Allemagne.
Gemen et Bourg, à Luxembourg	Luxembourg.	Soupert et Notting, à Luxembourg	Luxembourg.
Guillot (Pierre), à Lyon-Montplaisir (Rhône)	France.	Vigneron, à Olivet, près Orléans (Loiret)	France.

Grands prix.

Billard (Arthur), au Vésinet (Seine-et-Oise)	France.	Billiard et Barré, à Fontenay-aux-Roses (Seine)	France.

BOUCHER (Georges), à Paris. — [Concours permanent et concours temporaires]...................... France.

BRUNEAU (Désiré), à Bourg-la-Reine (Seine). — [Concours permanent et concours temporaires]........... France.

DEFRESNE (Honoré) fils, à Vitry-sur-Seine (Seine). —[Concours permanent et concours temporaires]........... France.

FÉRARD (Louis), à Paris............. France.

LEMAIRE (Louis), à Paris............ France.

LEMOINE (V.) et fils, à Nancy (Meurthe-et-Moselle)..................... France.

NONIN (Auguste), à Châtillon (Seine)... France.

PAILLET (Louis), à Chatenay (Seine). —
[Concours permanent et concours temporaires]..................... France.

PIENNES et LARIGALDIE, à Paris........ France.

ROTHBERG (Adolphe), à Gennevilliers (Seine). — [Concours permanent et concours temporaires]........... France.

SOCIÉTÉ GÉNÉRALE NÉERLANDAISE POUR LA CULTURE DES OIGNONS À FLEURS, à Haarlem...................... Pays-Bas.

SOCIÉTÉ IMPÉRIALE D'HORTICULTURE DE RUSSIE, à Saint-Pétersbourg........ Russie.

THIÉBAUT (Émile), à Paris............ France.

THIÉBAUT-LEGENDRE, à Paris........... France.

VALLERAND frères, à Taverny (Seine-et-Oise)...................... France.

VILMORIN-ANDRIEUX et Cie, à Paris...... France.

Médailles d'or.

BOUTREUX (Pierre), à Montreuil-sous-Bois (Seine). France.

CALVAT (Ernest), à Grenoble (Isère)........ France.

DEBRIE (Gabriel), à Paris. France.

FRITCHE-NETZER, à Vitry-sur-Seine (Seine).... France.

GRAVEREAU (Augustin), à Neauphle-le-Château (Seine-et-Oise)...... France.

JARDIN IMPÉRIAL BOTANIQUE DE SAINT-PÉTERSBOURG. Russie.

JUPEAU (Léon), au Kremlin-Bicêtre (Seine). — [Concours permanent et concours temporaires]. France.

KETTEN frères, à Luxembourg............ Luxembourg.

LAGRANGE, à Oullins (Rhône)............... France.

LATOUR-MARLIAC (Joseph), au Temple-sur-Lot (Lot-et-Garonne)........ France.

MILLET (Armand) et fils, à Bourg-la-Reine (Seine). — [Concours permanent et concours temporaires].......... France.

MOLIN (Charles), à Lyon (Rhône)........... France.

MOSER (Albert), à Paris. France.

NATIONAL CHRYSANTHEMUM SOCIETY, à Londres......... Grande-Bretagne.

OBERTHUR (René), à Rennes (Ille-et-Vilaine)..... France.

PERNET-DUCHER (J.), à Lyon (Rhône)....... France.

POIRIER (Auguste), à Versailles (Seine-et-Oise). France.

SOCIÉTÉ DES HORTICULTEURS DE NANTES (Loire-Inférieure)............. France.

VALTIER (Henri), à Paris............... France.

Médailles d'argent.

BARETTE (Léon), à Caen (Calvados)......... France.

BEURRIER (Jean), à Lyon (Rhône)........... France.

BOIVIN (Léopold), à Louveciennes (Seine-et-Oise). —[Concours permanent et concours temporaires]....... France.

BOUTIGNY (Philibert), à Rouen (Seine-Inférieure)........... France.

BUATOIS (Emmanuel), à Dijon (Côte-d'Or).... France.

CARNET (Léon), au Mesnil-Amelot (Seine-et-Marne)............ France.

CHAMBRE SYNDICALE DES FLEURISTES DE PARIS.. France.

CHARMET (André), à Lyon (Rhône).......... France.

CHANTRIER (Adolphe), à Mortefontaine, par Plailly (Oise)....... France.

CHANTRIER (Alfred), à Bayonne (Basses-Pyrénées)............. France.

COURBRON (Alphonse), à Billancourt (Seine)... France.

DEBRIE (Édouard), à Paris............... France.

DESEINE, à Bougival (Seine-et-Oise)........... France.

DESSERT (Auguste), à Chenonceaux (Indre-et-Loire)............. France.

DIGUÈRES (Raoul DES), à Pierrefitte (Seine)... France.

GÉRAND (Jean-Baptiste), à Malakoff (Seine)... France.

GOUCHAULT (Auguste), à Orléans (Loiret). — [Concours permanent et concours temporaires]. France.

GOULEAU (Joseph), à Nantes (Loire-Inférieure).... France.

GRAVIER (Alfred), à Vitry-sur-Seine (Seine).... France.

HAMEL fils, à Avranches (Manche).......... France.

LAPIERRE et fils, à Montrouge (Seine). —[Concours permanent et concours temporaires]. France.

LAUNAY (Charles), à Sceaux (Seine)........... France.

LAVEAU (Pierre), au château de Crosne (Seine-et-Oise)........... France.

LECOINTE (Amédée), à Louveciennes (Seine-et-Oise). — [Concours permanent et concours temporaires]....... France.

LIGER-LIGNEAU, à Orléans (Loiret)........... France.

LIONNET (Zéphir), à Maisons-Laffitte (Seine-et-Oise)............. France.

MAGNE (Georges), à Boulogne-sur-Seine (Seine). — [Concours perma-

nent et concours tem-
poraires].......... France.
MARI (Antoine), à Nice
(Alpes-Maritimes).... France.
MONTIGNY (G.), à Orléans
(Loiret).......... France.
MOREL (Francisque) et fils
à Lyon-Vaise (Rhône) . France.
NABONNAND (P. et C.), au
Golfe-Juan (Alpes-Ma-
ritimes).......... France.
NICKLAUS (Théophile), à
Vitry-sur-Seine (Seine).
— [Concours perma-
nent et concours tem-
poraires].......... France.
NOEFF (Théodore), à Mos-
cou.............. Russie.
PATROLIN (Henri), à Bour-
ges (Cher)........ France.
PERRAULT (Emmanuel) fils

aîné, à Angers (Maine-
et-Loire)......... France.
PFITZER (Wilhelm), à
Stuttgart......... Allemagne.
POSCHARSKY (O.), à Lau-
begast, près Dresde.. Allemagne.
REFUGE DU PLESSIS-PIQUET
(Seine).......... France.
REYDELLET (Alexandre DE),
à Bourg-lès-Valence
(Drôme).......... France.
ROSETTE (Émile), à Caen
(Calvados)........ France.
SIMON (Ch.), à Saint-
Ouen (Seine).—[Con-
cours permanent et
concours temporaires]. France.
SOCIÉTÉ DES BAINS DE MER
ET DU CERCLE DES ÉTRAN-
GERS DE MONACO, à
Monte-Carlo....... Monaco.

SOCIÉTÉ HORTICOLE, VIGNE-
RONNE ET FORESTIÈRE DE
L'AUBE, à Troyes (Aube). France.
SOCIÉTÉ D'HORTICULTURE DE
BOULOGNE-SUR-SEINE
(Seine).......... France.
SOCIÉTÉ D'HORTICULTURE DE
VILLEMOMBLE (Seine).. France.
STRASSHEIM (C.-P.), à
Francfort-sur-le-Mein. Allemagne.
URBAIN et fils, à Clamart
(Seine).......... France.
VILIN (L.-Rose), à Grisy-
Suisnes (Seine-et-
Marne).......... France.
WELLS and Cº, à Redhill.
Grande-Bretagne.
WREDE (H.), à Lunebourg.
— [Concours perma-
nent et concours tem-
poraires].......... Allemagne.

Médailles de bronze.

ASILE DE VILLE-ÉVRARD
(Seine-et-Oise)...... France.
BARNAERT (A.-E.), à Voge-
lenzang, près Haarlem. Pays-Bas.
BEL (C.), à Nancy (Meur-
the-et-Moselle)...... France.
BELIN et fils, à Moulins
(Allier)........... France.
BÉRANEK (Charles), à Pa-
ris.............. France.
BERNARD (Jules), à Châ-
tillon (Seine)...... France.
BERNARDEAU (E.), à Houilles
(Seine-et-Oise)...... France.
BISSON (Adolphe), à Vire
(Calvados)........ France.
BONNEFOUS (A.), à Moissac
(Tarn-et-Garonne)... France.
BONNEJEAN (Charles-L.),
à Fontenay-aux-Roses
(Seine).......... France.
BOULANGER (E.), à Sèvres
(Seine-et-Oise)..... France.
BURPEE (A.), à Philadel-
phie............. États-Unis.
CHAMPENOIS (Arthur), à
Thomery (Seine-et-
Marne)........... France.
CHARVET, à Avranches
(Manche)......... France.
CHENAULT (Léon), à Or-
léans (Loiret)...... France.
COUILLARD, à Bayeux (Cal-
vados)........... France.
CUINET (Désiré), à Hénin-
Liétard (Pas-de-Ca-
lais.)............ France.

DANJOUX (François), à
Neuville-sur-Saône
(Rhône).......... France.
DANZANVILLIERS, à Rennes
(Ille-et-Vilaine)..... France.
DELEUIL (J.-B.) et fils, à
Hyères (Var)...... France.
DOLBOIS (Alphonse), à An-
gers (Maine-et-Loire). France.
DUBOIS (Gustave), au Mans
(Sarthe).......... France.
DUBOUSSET (Michel), à
Paris............ France.
DUFOIS (Henri), à Ver-
sailles (Seine-et-Oise). France.
DUGOURD (Jean-Pierre),
à Fontainebleau (Seine-
et-Marne)......... France.
ÉTABLISSEMENT SAINT-NICO-
LAS, à Igny (Seine-et-
Oise)............ France.
GAUGUIN (Édouard), à Or-
léans (Loiret)...... France.
GONTIER (Armand), à
Fontenay-aux-Roses
(Seine).......... France.
GRIFFON (Jean), à Lyon-
Guillotière (Rhône).. France.
HALOPÉ (Félix), à Oc-
teville-sur-Cherbourg
(Manche)......... France.
HELBIG (H.-F.), à Laube-
gast, près Dresde.... Allemagne.
HOURY-RIGAULT, à Orléans
(Loiret).......... France.
KACZKA (Henri), à Paris. France.

LENORMAND (Aimé), à Caen
(Calvados)........ France.
LEROUX (H.), à Rueil
(Seine-et-Oise)..... France.
LHERMITTE (Maximin), à
Avon (Seine-et-Marne). France.
LOTHROP et HIGGINS, à East
Bridgewater........ États-Unis.
MÉZARD (Eugène), à Pa-
ris.............. France.
MICHIGAN SEED COMPANY,
à South Harven..... États-Unis.
PICARD-DENEUX, à Albert
(Somme).......... France.
PLET (Gabriel), au Ples-
sis-Piquet (Seine)... France.
PONCE fils, à Nogent-sur-
Seine (Aube).—[Con-
cours permanent et
concours temporaires]. France.
RÉGNIER (Alexandre),
à Fontenay-sous-Bois
(Seine).......... France.
ROUSSEAU, à Paris..... France.
SANDER et Cⁱᵉ, à Bruges. Belgique.
SOCIÉTÉ D'HORTICULTURE ET
DE BOTANIQUE DU HAVRE
(Seine-Inférieure).... France.
SOCIÉTÉ D'HORTICULTURE
PRATIQUE DU RHÔNE, à
Lyon (Rhône)...... France.
SOCIÉTÉ D'HORTICULTURE DE
SOISSONS (Aisne)..... France.
SOCIÉTÉ RÉGIONALE D'HOR-
TICULTURE DE VINCENNES
(Seine).......... France.

TALLANDIER, à Nancy (Meurthe-et-Moselle). France.
THORBURN, à New-York.. États-Unis.

TRIMARDEAU, au Kremlin-Bicêtre (Seine)...... France.
UNION HORTICOLE DE NO-GENT-SUR-MARNE (Seine). France.

WELKER père, à la Celle-Saint-Cloud (Seine).. France.

Mentions honorables.

AYMARD, à Montpellier (Hérault)......... France.
BEGGIO (Victorio), à Padoue............. Italie.
BERNARD (Pierre), à Châtillon (Seine)....... France.
BIGONI (Achille), à Ferrare............. Italie.
BITON (Paul), à l'Étang-la-Ville (Seine-et-Oise). France.
BONDON (Georges), à Saint-Maur-les-Fossés (Seine)........... France.
BRUX (Jean), à Montagny (Loire)........... France.
COLLON (Charles), à Dun-sur-Auron (Cher).... France.
COUSTEILS, à Montauban (Tarn-et-Garonne)... France.
DESFOSSÉ-THUILLIER, à Orléans (Loiret)..... France.

DESSARPS, à Bègles (Gironde)........... France.
DUBOCS (Léon), au Mesnil-Esnard, près Rouen (Seine-Inférieure)... France.
IKÉDA (Jirokiti), à Tokio. Japon.
JACHET (Émile), à Orléans (Loiret)........... France.
JARDIN (Henri), à Verneuil (Eure)........... France.
LAMBERT (Peter), à Trèves-sur-Moselle...... Allemagne.
LEBOSSÉ (Victor), à Paris [Concours permanent et concours temporaires]......... France.
NOULLEZ (Albert), à Garches (Seine-et-Oise). France.
PACOTTO, à Vincennes (Seine)........... France.
PAGÈS (Armand), à Lézignan (Aude)........ France.

PAGÈS (Paul), à Lézignan (Aude)........... France.
PAINTÈCHE, à Boulogne-sur-Seine (Seine).... France.
PATIN (Lucien), au Perreux (Seine)........ France.
PERRET (Lucien), à Brain-sur-l'Authion (Maine-et-Loire).......... France.
PIDOUX (Désiré), à Paris. France.
ROZAIN-BOUCHARLAT, à Cuire-les-Lyon (Rhône). France.
SERINGE, à Ville-d'Avray (Seine-et-Oise)..... France.
SIMON père et LAPALUE, à Malakoff (Seine)..... France.
THONYSECK-BACH, à Eschweiler........... Allemagne.
VAN DEN HEEDE et fils, à Lille (Nord)........ France.
WEISS, à Châtillon..... France.

COLLABORATEURS.

Grand prix.

KRASTZ, maison Vilmorin-Andrieux et Cie.................................... France.

Médailles d'or.

BERTRAND (Émile), maison Boucher (Georges). France.
BLANCHECOTTE (Gustave), maison Thiébaut (Émile)........... France.
GLESNIER (Léon), maison Leroy (Louis)....... France.
HUARD (Désiré), maison Vilmorin-Andrieux et Cie............... France.
ITCHIKAWA (Yukiwo), Commission impériale du Japon............ Japon.

LAMY (Gabriel), maison Thiébaut-Legendre... France.
LAUX (Charles), maison Soupert et Notting. Luxembourg.
LEMAIRE, maison Moser (Jean)............ France.
LOYAU (Auguste), maison Barbier et Cie....... France.
MARCHAIS, maison Croux et fils............. France.
MORIN (François), maison Moser (Jean)....... France.

PELLEMOINE, maison Defresne (H.) fils...... France.
PILON (François), maison Nonin (Auguste)..... France.
PIQUANT, maison Lévêque et fils............. France.
SCHMITT (Albert), maison Rothberg (Adolphe)............. France.
SERYN, maison Paillet (Louis)........... France.
WILHELM (Nicolas), maison Gemen et Bourg. Luxembourg.

Médailles d'argent.

AÏTA (Harugoro), Commission impériale du Japon............ Japon.
BAUDU, maison Vigneron. France.
BELLARDENT, maison Leroy (Louis)........... France.

BOIS (Firmin), maison Croux et fils........ France.
BOUVET (Louis), maison Thiébaut (Émile).... France.
CUISINEL, maison Deseine........ France.

DUVEAUR (Baptiste), maison Lévêque et fils... France.
EVILLIOT (Gustave), maison Croux et fils..... France.
FERET (Paul), maison Moser (Jean)....... France.

FILLEAU (Adrien), maison Boucher (Georges)... France.
FORGET (Paul), maison Thiébaut (Émile).... France.
JOURDAN, maison Moser (Jean).......... France.
JUSSEAUME, maison Cayeux et Le Clerc, à Paris.. France.
KRITTER, maison Piennes et Larigaldie........ France.
LANSON (Eugène), maison Bruneau (Désiré).... France.

LAURENT (Léger), maison Baltet (Charles)..... France.
LÉGER, maison Bruneau (Désiré).......... France.
LERAY (Auguste), maison Sallier (Joanni)..... France.
MALAIZÉ, maison Piennes et Larigaldie........ France.
MARINIER (Désiré), maison Carnet (Léon)... France.
MAUROY (Éloi), maison Croux et fils........ France.

MÜLLER, maison Croux et fils.............. France.
POILVOL (Honoré), maison Billiard et Barré.... France.
SERVAGEON (Auguste), maison Guillot (Pierre). France.
SONTAG (Gérard), maison Vilmorin-Andrieux et Cie.............. France.
SOTIN (Alfred), maison Vilmorin-Andrieux et Cie.............. France.

Médailles de bronze.

ARDILLON (Paul), maison Vilmorin-Andrieux et Cie.............. France.
CHAMPIRÉ (Florent-Paul),

maison Thiébaut-Legendre............ France.
LACROIX (G.), maison Valtier (Henri)....... France.

REDÉE (Léon-Arthur), maison Vilmorin-Andrieux et Cie....... France.
TIMMERMANS, maison Valtier (Henri)........ France.

CONCOURS TEMPORAIRES.

CONCOURS DU 18 AVRIL 1900.

Hors concours.

CROUX et fils, au Val-d'Aulnay (Seine). — Arbustes fleuris......... France.
CROUX et fils, au Val-d'Aulnay (Seine). — Lilas.-............ France.
CROUX et fils, au Val-d'Aulnay (Seine). — Lilas............. France.
LÉVÈQUE et fils, à Ivry-sur-

Seine (Seine). — Rosiers nains hybrides... France.
LÉVÈQUE et fils, à Ivry-sur-Seine (Seine). — Rosiers nains thé...... France.
LÉVÈQUE et fils, à Ivry-sur-Seine (Seine). — Rosiers nains variés hybrides............ France.
LÉVÈQUE et fils, à Ivry-sur-

Seine (Seine). — Rosiers tiges.......... France.
LÉVÈQUE et fils, à Ivry-sur-Seine (Seine). — Rosiers tige thé...... France.
SALLIER, à Neuilly-sur-Seine (Seine). — Plantes diverses de serre et d'orangerie......... France.

Premiers prix.

BOUCHER (G.), à Paris. — Lilas tiges....... France.
DEBRIE (Gabriel), à Paris. — Motif fleuri de salon. France.
FÉRARD, à Paris. — Amaryllis............ France.
JUPEAU, au Kremlin-Bicêtre (Seine). — Rosiers nouveaux.......... France.

MILLET (A.) et fils, à Bourg-la-Reine (Seine). — Violettes......... France.
MOSER (A.), à Paris. — Décors de table..... France.
SOCIÉTÉ GÉNÉRALE NÉERLANDAISE, à Haarlem. — Tulipes, jacinthes, narcisses.......... Pays-Bas.

THIÉBAUT (Em.), à Paris. — Plantes tubéreuses. France.
VILMORIN-ANDRIEUX et Cie, à Paris. — Jacinthes de Hollande........ France.
VILMORIN-ANDRIEUX et Cie, à Paris. — Tulipes simples et doubles.... France.

Deuxièmes prix.

BOUCHER (G.), à Paris. — Lilas............ France.
DEBRIE (Gabriel), à Paris. — Décors de table. France.
DEBRIE (Gabriel), à Paris. — Gerbes...... France.

DEBRIE (Gabriel), à Paris. — Gerbes variées. France.
MILLET (A.) et fils, à Bourg-la-Reine (Seine). — Iris........... France.
MILLET (A.) et fils, à

Bourg-la-Reine (Seine). — Iris........... France.
MOSER (Albert), à Paris. — Gerbes........ France.
MOSER (Albert), à Paris. — Gerbes variées.... France.

Mosen (Albert), à Paris. — Motifs fleuris de salon............. France.

Nonin (Auguste), à Chatillon-sous-Bagneux (Seine).—Bougainvillea. France.

Nonin (Auguste), à Châtillon-sous-Bagneux (Seine). — Primula elatior veris........ France.

Vilmorin-Andrieux et Cie,

à Paris. — Plantes alpines............. France.

Vilmorin-Andrieux et Cie, à Paris. — Primula obconica.......... France.

Troisièmes prix.

Debrie (Ed.), à Paris. — Décors de table..... France.

Kaczka, à Paris. — OEillets............. France.

Nicklaus, à Vitry-sur-Seine (Seine). — Lilas. France.

Perret (L.), à Brain-sur-l'Authion (Maine-et-Loire). — Pensées... France.

Thiébaut-Legendre, à Paris. — Arabis à fleurs doubles.......... France.

Thiébaut-Legendre, à Paris. — Plantes bulbeuses.......... France.

Vilmorin-Andrieux et Cie, à Paris. — Androsace............. France.

Vilmorin-Andrieux et Cie, à Paris. — Narcisses.. France.

Vilmorin-Andrieux et Cie, à Paris. — Primula obconica............ France.

Vilmorin-Andrieux et Cie, à Paris. — Primula obconica amélioré...... France.

Mentions.

Boucher (G.), à Paris. — Lilas........... France.

Debrie (Édouard), à Paris. — Gerbes.......... France.

Kaczka, à Paris. — OEillets à grandes fleurs............ France.

Millet (A.) et fils, à Bourg-la-Reine (Seine). — Violettes en arbres... France.

Nicklaus, à Vitry-sur-Seine (Seine). — Lilas. France.

Nicklaus, à Vitry-sur-Seine (Seine). — Orangers.......... France.

Vilmorin-Andrieux et Cie, à Paris. — Narcisses fleurs coupées...... France.

Vilmorin-Andrieux et Cie, à Paris.—Primula Forbesi............. France.

Vilmorin-Andrieux et Cie, à Paris. — Primula Forbesi compacta.... France.

Vilmorin-Andrieux et Cie, à Paris. — Primula floribunda.......... France.

Vilmorin-Andrieux et Cie, à Paris. — Primula obconica............ France.

Vilmorin-Andrieux et Cie, à Paris. — Primula verticillata........ France.

CONCOURS DU 9 MAI 1900.

Hors concours.

Baltet (Ch.), à Troyes (Aube). — Lilas fleurs coupées........... France.

Cayeux et Le Clerc, à Paris. — Giroflées cocardeau Empereur..... France.

Croux et fils, au Val-d'Aulnay (Seine). — Arbustes caduques fleuris............. France.

Croux et fils, au Val-d'Aulnay (Seine). — Azalées mollis....... France.

Croux et fils, au Val-d'Aulnay (Seine). — Azalée nouvelle...... France.

Croux et fils, au Val-d'Aulnay (Seine). — Lilas fleurs coupées.. France.

Croux et fils, au Val d'Aulnay (Seine). — Lilas tiges........ France.

Croux et fils, au Val d'Aulnay (Seine). — Lilas touffes........ France.

Lévèque et fils, à Ivry-sur-Seine (Seine). — OEillets remontants..... France.

Lévèque et fils, à Ivry-sur-Seine (Seine). — Rosiers tiges.......... France.

Moser (Jean), à Versailles (Seine-et-Oise). — Azalées mollis.... France.

Moser (Jean), à Versailles (Seine-et-Oise). —Rhododendrons nouveaux semis........ France.

Premiers prix.

Defresne (H.) fils, à Vitry-sur-Seine (Seine). — Rosiers tiges..... France.

Dessert, à Chenonceaux (Indre-et-Loire). — Pivoines fleurs coupées............. France.

Férard, à Paris. — Plantes bisannuelles, vivaces et bulbeuses... France.

Helbig (H.-F.), à Laubegast, près Dresde. — Azalées mollis....... Allemagne.

Lemoine et fils, à Nancy (Meurthe-et-Moselle). — Deutzias nouveaux. France.

Lemoine et fils, à Nancy (Meurthe-et-Moselle). — Lilas doubles fleurs coupées.......... France.

Mari, à Nice (Alpes-Maritimes). — Rosiers nouveaux.......... France.

Nabonnand, au Golfe-Juan (Alpes-Maritimes). — Roses variétés hybrides, etc..... France.

Nonin, à Châtillon-sous-Bagneux (Seine). — Primula auricula.... France.

Paillet (Louis), à Chatenay (Seine). — Clématites . . . . France.

Paillet (Louis), à Chatenay (Seine). — Pivoines nouvelles . . . . . France.

Perrault, à Angers (Maine-et-Loire). — Araucarias imbricata . . . . . France.

Rothberg, à Gennevilliers (Seine). — Rosiers tiges thé . . . . France.

Seidel (Rud.), à Dresde. — Rhododendrons nains . . . . Allemagne.

Thiébaut (E.), à Paris. — Plantes bulbeuses fleurs coupées . . . . . . France.

Thiébaut-Legendre, à Paris. — Plantes bulbeuses fleurs coupées. France.

Vilmorin-Andrieux et Cie, à Paris. — Plantes annuelles, bisannuelles, etc . . . . France.

Deuxièmes prix.

Barnaert, à Vogelenzang. — Tulipes . . . . Pays-Bas.

Billiard et Barré, à Fontenay-aux-Roses (Seine). — Cannas . . . . . . France.

Boucher (Georges), à Paris. — Clématites France.

Boucher (Georges), à Paris. — Lilas fleurs coupées . . . . France.

Boutreux, à Montreuil-sous-Bois (Seine). — Pelargonium grandes fleurs . . . . France.

Bruneau (D.), à Bourg-la-Reine (Seine). — Ar-bustes caduques fleuris. France.

Debrie (Gabriel), à Paris. — Motifs artistiques fleuris . . . . France.

Defresne (H.) fils, à Vitry-sur-Seine (Seine). — Rosiers tiges . . . . . . France.

Defresne (H.) fils, à Vitry-sur-Seine (Seine). — Rosiers thé . . . . . . France.

Gravereau, à Neauphle-le-Château (Seine-et-Oise). — Myosotis variés, Nemesia . . . . France.

Lemoine et fils, à Nancy (Meurthe-et-Moselle). — Lilas fleurs coupées. France.

Nabonnand, au Golfe-Juan (Alpes-Maritimes). — Roses nouvelles fleurs coupées . . . . France.

Paillet, à Chatenay (Seine). — Pivoines arborescentes . . . . France.

Paillet, à Chatenay (Seine). — Pivoines forts spécimens . . . . . France.

Trimardeau, au Kremlin-Bicêtre (Seine). — Pensées grandes fleurs . . . France.

Valtier (H.), à Paris. — Giroflées ravenelles . . . France.

Troisièmes prix.

Boucher (Georges), à Paris. — Lilas touffes . . . France.

Boucher (Georges), à Paris. — Lilas tiges . . . . France.

Boucher (Georges), à Paris. — Rosiers tiges . . France.

Debrie (Gabriel), à Paris. — Motifs fleuris variés. France.

Dessert, à Chenonceaux (Indre-et-Loire). — Pivoine nouvelle en arbre . . . . France.

Dugourd, à Fontainebleau (Seine-et-Marne). — Phlox divaricata, auricules . . . . France.

Gouchault, à Orléans (Loiret). — Lilas fleurs coupées . . . . France.

Gravereau, à Neauphle-le-Château (Seine-et-Oise). — Pensées à grandes fleurs . . . . . . France.

Gravereau, à Neauphle-le-Château (Seine-et-Oise). — Pensées striées . . . . France.

Gravereau, à Neauphle-le-Château (Seine-et-Oise). — Pensées unicolores . . . . France.

Lecointe, à Louveciennes (Seine-et-Oise). — Lilas, fleurs coupées . . . France.

Nabonnand, au Golfe-Juan (Alpes-Maritimes). — Œillets coupés . . . . . . France.

Noxin, à Châtillon-sous-Bagneux (Seine). — Bougainvilleas . . . . . . France.

Noxin, à Châtillon-sous-Bagneux (Seine). — Salvia Ragueneau . . . . France.

Refuge du Plessis-Piquet (Seine). — Lilas fleurs coupées . . . . France.

Rothberg, à Gennevilliers (Seine). — Rosiers thé basse tige . . . . France.

Rothberg, à Gennevilliers (Seine). — Rosiers tiges franc de pied . . . . France.

Rothberg, à Gennevilliers (Seine). — Rosiers tige thé . . . . France.

Rothberg, à Gennevilliers (Seine). — Rosiers tige thé . . . . France.

Thiébaut-Legendre, à Paris. — Plantes vivaces. France.

Thorburn, à New-York. — Pensées grandes fleurs. États-Unis.

Thorburn, à New-York. — Pensées à macules. États-Unis.

Mentions.

Boucher (Georges), à Paris. — Lilas fleurs coupées . . . . France.

Bruneau (Désiré), à Bourg-la-Reine (Seine). — Azalées mollis . . . . France.

Bruneau (Désiré), à Bourg-la-Reine (Seine). — Lilas tiges . . . . France.

Gravereau (Auguste), à Neauphle-le-Château (Seine-et-Oise). — Pensées grandes fleurs. France.

Gravereau (Auguste), à Neauphle-le-Château (Seine-et-Oise). — Giroflées ravenelles . . . France.

Lecointe, à Louveciennes (Seine-et-Oise). — Lilas, fleurs coupées . . . . France.

Lecointe, à Louveciennes

(Seine-et-Oise). — Arbustes fleuris et fleurs coupées........... France.

PERRET (Lucien), à Brain-sur-l'Authion (Maine-et-Loire). — Pensées géantes............ France.

THIÉBAULT-LEGENDRE, à Paris. — Garniture d'un massif........... France.

THORBURN, à New-York. — Pensées striées... États-Unis.

THUREAU, à Garches (Seine-et-Oise). — Lilas gerbes........... France.

CONCOURS DU 23 MAI 1900.

Hors concours.

CAYEUX et LE CLERC, à Paris. — Capucines.. France.

CROUX et fils, au Val-d'Aulnay (Seine). — Arbustes à feuillage caduc............. France.

CROUX et fils, au Val-d'Aulnay (Seine). — Rhododendrons........... France.

CROUX et fils, au Val-d'Aulnay (Seine). — Rhododendrons........ France.

LÉVÊQUE et fils, à Ivry (Seine). Rosiers tiges nains et hybrides.... France.

MOSER (Jean), à Versailles (Seine-et-Oise). — Rhododendrons semis.... France.

MOSER (Jean), à Versailles (Seine - et - Oise). — Rhododendrons spécimens............. France.

SALLIER (Joanni), à Neuilly-sur-Seine (Seine). — Eremurus robustus, plantes diverses..... France.

Premiers prix.

BILLARD (Arthur), au Vésinet (Seine-et-Oise). — Bégonias tubéreux. France.

BILLIARD et BARRÉ, à Fontenay - aux - Roses (Seine). — Cannas... France.

BOUCHER (G.), à Paris. — Rosiers tiges........ France.

BOUCHER (G.), à Paris. — Rosiers, variétés hybrides, Bourbon..... France.

BOUTREUX, à Montreuil-sous-Bois (Seine). — Pélargonium grandes fleurs............. France.

BRUNEAU (D.), à Bourg-la-Reine (Seine). — Arbustes fleuris à feuilles caduques........... France.

CHAMBRE SYNDICALE DES FLEURISTES, à Paris. — Motifs décoratifs en fleurs naturelles..... France.

CHAMBRE SYNDICALE DES FLEURISTES, à Paris. — Ornementations en fleurs naturelles...... France.

CHAMBRE SYNDICALE DES FLEURISTES, à Paris. — Ornementations en fleurs naturelles..... France.

DESSERT, à Chenonceaux (Indre-et-Loire). — Pivoines de Chine.... France.

FÉRARD, à Paris. — Plantes vivaces bulbeuses.. France.

FÉRARD, à Paris. — Plantes annuelles........ France.

HALOPÉ, à Cherbourg (Manche). — Rhododendrons hybrides.... France.

JUPEAU, au Kremlin-Bicêtre (Seine). — Rosiers tige variétés hybrides, Bourbon, etc......... France.

JUPEAU, au Kremlin-Bicêtre (Seine). — Rosiers variétés hybrides, Bourbon, etc........... France.

JUPEAU, au Kremlin-Bicêtre (Seine). — Rosiers variétés hybrides..... France.

JUPEAU, au Kremlin-Bicêtre (Seine). — Rosiers thé nains......... France.

JUPEAU, au Kremlin-Bicêtre (Seine). — Rosiers thé et noisette...... France.

MAGNE, à Boulogne-sur-Seine (Seine). — Plantes alpines.......... France.

NOMIN, à Châtillon-sous-Bagneux (Seine). — Pelargornium zonale. France.

PIENNES et LARIGALDIE, à Paris. — Cannas..... France.

POIRIER, à Versailles (Seine-et-Oise). — Pelargonium zonale .... France.

POIRIER, à Versailles (Seine-et-Oise). — Pelargonium zonale...... France,

ROTBERG, à Gennevilliers (Seine). — Rosiers variétés hybrides, Bourbon, etc........... France.

ROTHBERG, à Gennevilliers (Seine). — Rosiers variétés hybrides, thé... France.

THIÉBAUT (Émile), à Paris. — Plantes bulbeuses, fleurs coupées. France.

VALLERAND frères, à Taverny (Seine-et-Oise). Begonias cristata. ... France.

VILMORIN-ANDRIEUX et Cie, à Paris. — Plantes alpines............ France.

VILMORIN-ANDRIEUX et Cie, à Paris. — Plantes annuelles............ France.

VILMORIN-ANDRIEUX et Cie, à Paris. — Tulipes... France.

Deuxièmes prix.

BEVARY (E.), à Erfurt. — Giroflées.......... Allemagne.

BILLARD (Arthur), au Vésinet (Seine-et-Oise). — Begonias doubles.. France.

BILLARD (Arthur), au Vésinet (Seine-et-Oise). — Begonias tubéreux doubles............ France.

BOUCHER (G.), à Paris. — Clématites .... France.

BOUCHER (G.), à Paris. — Rosiers tiges........ France.

BOUCHER (G.), à Paris. — Rosiers tiges hybrides de thé........... France.

BOUCHER (G.), à Paris. — Rosiers nains hybrides de thé............ France.

BOUCHER (G.), à Paris. — Rosiers en tous genres. France.

Boucher (G.), à Paris. — Rosiers variétés spécimen............ France.

Boucher (G.), à Paris. — Rosiers variétés hybrides Bourbon...... France.

Boutreux, à Montreuil-sous-Bois (Seine). — Pelargonium à grandes fleurs............ France.

Defresne (H.) fils, à Vitry (Seine). — Iris Germanica........... France.

Dessert, à Chenonceaux (Indre-et-Loire). — Pivoines coupées...... France.

Gélos frères et Dufils, à Biarritz (Basses-Pyrénées). — Roses, variétés recommandées.. France.

Gravereau, à Neauphle-le-Château (Seine-et-Oise). — Pensées.... France.

Jupeau, au Kremlin-Bicêtre (Seine). — Roses nouvelles........... France.

Jupeau, au Kremlin-Bicêtre (Seine). — Rosiers variétés hybrides, Bourbon............. France.

Kaczka, à Paris. — Roses variétés recommandées............. France.

Lapierre et fils, à Montrouge (Seine). — Pyrethrum........... France.

Lenormand, à Caen (Calvados). — Anémones. France.

Millet et fils, à Bourg-la-Reine (Seine). — Iris nouveaux.......... France.

Millet et fils, à Bourg-la-Reine (Seine). — Iris Germanica...... France.

Nicklaus, à Vitry-sur-Seine (Seine). — Rosiers tiges........... France.

Nicklaus, à Vitry-sur-Seine (Seine). — Rosiers tiges thé et noisette............. France.

Paillet fils, à Chatenay (Seine). — Pivoines coupées........ France.

Paillet fils, à Chatenay (Seine). — Pivoines officinales.......... France.

Piennes et Larigaldie, à Paris. — Cannas.... France.

Plet, au Plessis-Piquet (Seine) — Begonias tubéreux.......... France.

Rothberg, à Gennevilliers (Seine). — Rosiers thé et noisette......... France.

Rothberg, à Gennevilliers (Seine). — Roses thé fleurs coupées....... France.

Rothberg, à Gennevilliers (Seine). — Rosiers tiges variétés hybrides. France.

Simon et Lapalle, à Malakoff (Seine). — Pelargonium zonale..... France.

Thiébalt-Legendre, à Paris. — Plantes bulbeuses............... France.

Vallerand frères, à Taverny (Seine-et-Oise). — Begonias tubéreux. France.

Vallerand frères, à Taverny (Seine-et-Oise). — Begonias doubles.. France.

Valtier (H.), à Paris. — Pensées........... France.

Vilmorin-Andrieux et Cie, à Paris. — Capucines. France.

Vilmorin-Andrieux et Cie, à Paris. — Nemesia.. France.

Vilmorin-Andrieux et Cie, à Paris. — Pensées.. France.

Troisièmes prix.

Boucher (G.), à Paris. — Rosiers tiges........ France.

Boucher (G.), à Paris. — Rosiers thé et noisette. France.

Boucher (G.), à Paris. — Rosiers basses tiges... France

Boucher (G.), à Paris. — Rosiers variétés sarmenteuses.......... France.

Deleuil, à Hyères (Var). — Amaryllis fleurs coupées............. France.

Moser (Albert), à Paris. — Ornementation en fleurs naturelles...... France.

Nicklaus, à Vitry-sur-Seine (Seine). — Rosiers............. France.

Nicklaus, à Vitry-sur-Seine (Seine). — Rosiers hybrides....... France.

Novin, à Châtillon-sous-Bagneux (Seine). — Ancolies........... France.

Paillet fils, à Chatenay (Seine). — Pivoines coupées........... France.

Paillet fils, à Chatenay (Seine). — Viburnum macrocephalum...... France.

Perrault fils, à Angers (Maine-et-Loire). Agaves........... France.

Rothberg, à Gennevilliers (Seine). — Rosiers hybrides de thé....... France.

Rothberg, à Gennevilliers (Seine). — Rosiers hybrides Bourbon.... France.

Rothberg, à Gennevilliers (Seine). — Rosiers hybrides sarmenteux.. France.

Thiébaut (Émile), à Paris. — Glaïeul nouveau............. France.

Thiébaut (Émile), à Paris. — Iris nouveau... France.

Thiébaut-Legendre, à Paris. — Plantes vivaces............. France.

Mentions.

Billiard et Barré, à Fontenay-aux-Roses (Seine). — Coleus...... France.

Chambre syndicale des fleuristes, à Paris. — Fleurs naturelles ornementation........ France.

Chambre syndicale des fleuristes, à Paris. — Fleurs naturelles ornementation........ France.

Coulon, à Dun-sur-Auron (Cher). — Aloès de semis............. France.

Moser (Albert), à Paris. — Ornementations fleurs naturelles.......... France.

Moser (Albert), à Paris. — Ornementations fleurs naturelles........... France.

Moser (Albert), à Paris. —

Bambous garnis d'aza-
lées mollis........ France.
NICKLAUS, à Vitry-sur-
Seine (Seine). — Ro-

siers variétés hybrides,
Bourbon.......... France.
ROTHBERG, à Gennevilliers
(Seine). — Rosiers

variétés non remon-
tants............. France.
THIÉBAUT (Émile), à Paris.
— Gazania........ France.

CONCOURS DU 13 JUIN 1900.

Hors concours.

CAYEUX et LE CLERC, à Pa-
ris. — Glaïeuls, plantes
diverses.......... France.
CAYEUX et LE CLERC, à Pa-
ris. — Pavots...... France
CROUX et fils, au Val-
d'Aulnay (Seine). —
Hydrangeas paniculata. France.
CROUX et fils, au Val-
d'Aulnay (Seine). —
Pivoines fleurs coupées. France.
CROUX et fils, au Val-
d'Aulnay (Seine). —

Pivoines en touffes. France.
CROUX et fils, au Val-
d'Aunay (Seine). —
Rhododendrons...... France.
LÉVÊQUE et fils, à Ivry-
sur-Seine. (Seine).
— Rosiers tiges et
nains............. France.
LÉVÊQUE et fils, à Ivry-
sur-Seine (Seine). —
Roses fleurs coupées.. France.
MOSER (Jean), à Versailles
(Seine-et-Oise). —

Azalées mollis nou-
veautés............ France.
MOSER (Jean), à Versailles
(Seine-et-Oise). —
Rhododendrons...... France.
MOSER (Jean), à Versailles
(Seine-et-Oise). —
Rhododendrons nou-
veautés............ France.
VIGNERON (Jean), à Olivet
(Loiret). — Roses fleurs
coupées........... France.

Premiers prix.

BILLIARD et BARRÉ, à Fon-
tenay-aux-Roses (Seine).
— Cannas......... France.
BOUTIGNY, à Rouen (Seine-
Inférieure). — Roses
coupées........... France.
BOUTREUX, à Montreuil-
sous-Bois (Seine). —
Pelargonium........ France.
BOUTREUX, à Montreuil-
sous-Bois (Seine). —
Pelargonium........ France.
BRUNEAU (D.), à Bourg-la-
Reine (Seine). — Ar-
bustes, rameaux cou-
pés............... France.
BUATOIS, à Dijon (Côte-
d'Or). — Roses nou-
veautés........... France.
BURPEE and Cⁱᵉ, à Philadel-
phie. — Pois de senteur. États-Unis.
FÉRARD, à Paris. — Plan-
tes annuelles et bis-
annuelles.......... France.
GÉRARD, à Malakoff (Seine)
— Plantes vivaces... France.
MILLET et fils, à Bourg-la-
Reine (Seine). — Pi-
voines nouveautés.... France.
MOREL (Francisque), à
Lyon (Rhône). — Clé-
matites........... France

NONIN, à Châtillon-sous-
Bagneux (Seine). —
Pelargonium zonale.. France.
NONIN, à Châtillon-sous-
Bagneux (Seine). —
Petunias........... France.
PAILLET fils, à Chatenay
(Seine). — Pivoines. France.
PAILLET fils, à Chatenay
(Seine). — Pivoines. France.
PERNET-DUCHER, à Venis-
sieux-les-Lyon (Rhône).
— Roses nouveautés.. France.
PERNET-DUCHER, à Venis-
sieux-les-Lyon (Rhône).
— Roses........... France.
PERNET-DUCHER, à Venis-
sieux-les-Lyon (Rhône).
— Roses........... France.
PERNET-DUCHER, à Venis-
sieux-les-Lyon (Rhône).
— Roses........... France.
PIENNES et LARIGALDIE, à
Paris. — Petunias... France.
PLET, au Plessis-Piquet
(Seine). — Begonias
tubéreux.......... France.
POIRIER, à Versailles. —
Pelargonium zonale
simples........... France.
ROTHBERG, à Gennevilliers

(Seine). — Rosiers po-
lyantha........... France.
ROTHBERG, à Gennevilliers
(Seine). — Roses cou-
pées.............. France.
ROTHBERG, à Gennevilliers
(Seine). — Roses thé. France.
THIÉBAUT (Émile), à Pa-
ris. — Plantes bul-
beuses............ France.
THIÉBAUT-LEGENDRE, à
Paris. — Plantes vi-
vaces............. France.
VALLERAND frères, à Ta-
verny (Seine-et-Oise).
— Begonias tubéreux. France.
VILMORIN-ANDRIEUX et Cⁱᵉ,
à Paris. — Plantes an-
nuelles et bisannuelles. France.
VILMORIN-ANDRIEUX et Cⁱᵉ,
à Paris. — Iris Germa-
nica.............. France.
VILMORIN-ANDRIEUX et Cⁱᵉ,
à Paris. — Petunias.. France.
VILMORIN-ANDRIEUX et Cⁱᵉ,
à Paris. — Plantes al-
pines............. France.
VILMORIN-ANDRIEUX et Cⁱᵉ,
à Paris. — Salpiglos-
sis............... France.

Deuxièmes prix.

BELIN, à Moulins (Allier).
— Roses coupées.... France

BÉRANEK, à Paris. —
Œillets remontants.. France.

BERNARDON, à Boulogne-
sur-Seine (Seine). —
Anthemis.......... France.

BIGONI (Achille), à Fer-
rare.— Ornementation
en fleurs naturelles... Italie.

BILLARD (Arthur), au Vé-
sinet (Seine-et-Oise).
— Begonias tubéreux. France.

BILLARD (Arthur), au Vé-
sinet (Seine-et-Oise).
— Begonias tubéreux. France.

BOUCHER (G.), à Paris. —
Pivoines coupées.... France.

BOUCHER (G.), à Paris. —
Roses hybrides....... France.

BOUCHER (G.), à Paris. —
Roses thé, noisette... France.

BOUCHER (G.), à Paris. —
Rosiers tiges........ France.

BOUCHER (G.), à Paris. —
Rosiers nains .... France.

BOUCHER (G.), à Paris. —
Roses, thé, fleurs cou-
pées.............. France.

BOUTREUX, à Montreuil
(Seine). — Pelargo-
nium à grandes fleurs. France.

BOUTREUX, à Montreuil
(Seine). — Pelargo-
nium.............. France.

BOUTREUX, à Montreuil
(Seine). — Pelargo-
nium double .... France.

DANZANVILLIERS, à Rennes

(Ille-et-Vilaine). —
Pivoines coupées..... France.

DEFRESNE (H.) fils, à Vi-
try-sur-Seine (Seine).
— Pivoines coupées. . France.

DEFRESNE (H.) fils, à Vi-
try-sur-Seine (Seine).
— Rosiers tiges..... France.

DEFRESNE (H.) fils, à Vi-
try-sur-Seine (Seine).
— Rosiers nains..... France.

DEFRESNE (H.) fils, à Vi-
try-sur-Seine (Seine).
— Rosiers thé..... France

DEFRESNE (H.) fils, à Vi-
try-sur-Seine (Seine).
— Rosiers hybrides.. France.

FÉRARD, à Paris. — Pe-
tunias............. France.

GAUGUIN, à Orléans (Loi-
ret).— Plantes vivaces. France.

HELBIG (H.-F.), à Laube-
gast, près Dresde. —
Rosiers Crimson..... Allemagne.

JACHET. — Hortensia nou-
veau .... France.

MILLET et fils, à Bourg-la-
Reine (Seine). — Pi-
voine............. France.

MOREL, à Lyon (Rhône).
— Clématites....... France.

NOXIN, à Châtillon-sous-
Bagneux (Seine). —
Pelargonium zonale... France.

PAILLET fils, à Chatenay
(Seine).—Fougères.. France.

PAILLET fils, à Chatenay
(Seine).—Hydrangeas
paniculata......... France.

POIRIER, à Versailles (Seine-et-Oise).—Pelargo-
nium double........ France.

POIRIER, à Versailles (Seine-et-Oise).—Pelargo-
nium zonale........ France.

ROTHBERG, à Gennevilliers
(Seine).— Roses.... France.

ROTHBERG, à Gennevilliers
(Seine). — Rosiers
nains............. France.

ROTHBERG, à Gennevilliers
(Seine). — Rosiers
tiges.............. France.

ROTHBERG, à Gennevilliers
(Seine). — Rosiers hy-
brides............. France.

ROTHBERG, à Gennevilliers
(Seine). — Rosiers
thé............... France.

ROTHBERG, à Gennevilliers
(Seine).—Rosiers thé. France.

THIÉBAUT-LEGENDRE, à Pa-
ris. — Plantes vivaces. France.

VALLERAND frères, à Taverny (Seine-et-Oise). —
Begonias tubéreux ... France.

VALLERAND frères, à Taverny (Seine-et-Oise). —
Begonias tubéreux cris-
tata.............. France.

VILMORIN-ANDRIEUX et Cie,
à Paris. — Capucines. France.

VILMORIN-ANDRIEUX et Cie,
à Paris. — Galane hy-
bride rose......... France.

VILMORIN-ANDRIEUX et Cie,
à Paris. — Giroflées
quarantaines....... France.

Troisièmes prix.

BARILLET, à Tours (Indre-
et-Loire). — Pelargo-
nium............. France.

BARILLET, à Tours (Indre-
et-Loire). — Pelargo-
nium............. France.

BOUCHER (G.), à Paris. —
Rosiers Crimson..... France.

BOUCHER (G.), à Paris. —
Rosiers sarmenteux... France.

DEFRESNE (H.) fils, à Vi-
try-sur-Seine (Seine).
— Rosiers hybrides.. France.

DEFRESNE (H.) fils, à Vi-

try-sur-Seine (Seine).
— Rosiers thé...... France

DUGOURD, à Fontainebleau
(Seine-et-Marne). —
Dianthus.......... France.

FÉRARD, à Paris. —
Œillets mignardise. . France.

FÉRARD, à Paris. — Pois
de senteur......... France.

KACZKA, à Paris. — Roses. France.

ROLLÉ, à Paris. — Géra-
nium zonale....... France.

ROTHBERG, à Gennevilliers
(Seine).–Roses Bengale. France.

ROTHBERG, à Gennevilliers
(Seine). — Roses hy-
brides............. France.

ROUSSEAU, à Paris.— Gerbe
de roses .... France.

VALTIER (H.), à Paris. —
Pensées .... France.

VALTIER (H.), à Paris. —
Petunias .... France.

VILMORIN-ANDRIEUX et Cie,
à Paris. — Calcéolaires. France.

VILMORIN-ANDRIEUX et Cie,
à Paris. — Chrysan-
thème à carène...... France.

Mentions.

Goichault, à Orléans (Loiret). — Lilas.... France.

Helbig (H.-F.), à Laubegast, près Dresde. — Muguet............ Allemagne.

Magne, à Boulogne-sur-Seine (Seine). — Plantes alpines......... France.

Montigny fils, à Orléans (Loiret). — Pelargonium............. France.

CONCOURS DU 27 JUIN 1900.

Hors concours.

Croux et fils, au Val-d'Aulnay (Seine). — Arbustes à feuilles caduques............ France.

Croux et fils, au Val-d'Aulnay (Seine). — Fougères de plein air. France.

Croux et fils, au Val-d'Aulnay (Seine). Groseillers à tiges portant fruits......... France.

Lévêque et fils, à Ivry-sur-Seine (Seine). — Rosiers tiges.......... France.

Lévêque et fils, à Ivry-sur-Seine (Seine). Rosiers nains......... France.

Lévêque et fils, à Ivry-sur-Seine (Seine). — Roses fleurs coupées....... France.

Premiers prix.

Béranek, à Paris. — Variétés d'œillets...... France.

Billiard et Barré, à Fontenay - aux - Roses (Seine). — Cannas... France.

Billiard et Barré, à Fontenay - aux - Roses (Seine). — Cannas nouveaux........... France.

Boutigny, à Rouen (Seine-Inférieure). — Roses nouvelles.......... France.

Boutigny, à Rouen (Seine-Inférieure). — Roses coupées........... France.

Bruneau (D.), à Bourg-la-Reine (Seine). — Arbustes caduques fleuris. France.

Diguères (Raoul des), à Pierrefitte (Seine-et-Oise). — Œillets nouveaux.......... France.

Diguères (Raoul des), à Pierrefitte (Seine-et-Oise). — Œillets flamands fantaisie...... France.

Dubocs (Léon), à Rouen (Seine-Inférieure). — Roses coupées....... France.

Férard, à Paris. — Plantes vivaces et bulbeuses.. France.

Férard, à Paris. — Plantes annuelles et bisannuelles........... France.

Friche-Netzer, à Vitry-sur-Seine (Seine). — Gerbes lilas forcé..... France.

Gérard, à Malakoff (Seine). — Zinnias rouges.... France.

Houvry-Rigault, à Orléans (Loiret). — Clématites nouvelles.... France.

Morel et fils, à Lyon (Rhône). — Clématites nouvelles.......... France.

Noeff, à Moscou. — Campanules........ Russie.

Nonin, à Châtillon-sous-Bagneux (Seine). — Pelargonium zonales simples........... France.

Nonin, à Châtillon-sous-Bagneux (Seine). — Pelargonium zonales doubles........... France.

Nonin, à Châtillon-sous-Bagneux (Seine). — Dahlias cactus...... France.

Paillet fils, à Chatenay (Seine). — Hortensias roses............ France.

Poirier, à Versailles (Seine-et-Oise). — Pelargonium pour massif.... France.

Régnier, à Fontenay-sous-Bois (Seine). — Œillets jaunes............ France.

Rothberg, à Gennevilliers (Seine). — Rosiers, tiges et nains........ France.

Société horticole, vigneronne et forestière de l'Aube, à Troyes (Aube). — Roses coupées.... France.

Société d'horticulture de Villemomble, à Villemomble. — Pelargonium, petunias...... France.

Thiébaut (Émile), à Paris. — Plantes annuelles, bulbeuses, etc....... France.

Thiébaut-Legendre, à Paris. — Plantes bulbeuses et annuelles...... France.

Thiébaut-Legendre, à Paris. — Plantes bulbeuses et vivaces..... France.

Vallerand frères, à Taverny (Seine-et-Oise). Begonia tubereux à grandes fleurs....... France.

Vallerand frères, à Taverny (Seine-et-Oise). — Begonia tubéreux doubles........... France.

Vilmorin-Andrieux et Cie, à Paris. — Iris Kaempferi. France.

Vilmorin-Andrieux et Cie, à Paris. — Petunia superbissima........ France.

Vilmorin-Andrieux et Cie, à Paris. — Campanules Clarkia............ France.

Vilmorin-Andrieux et Cie, à Paris. — Plantes alpines............ France.

Vilmorin-Andrieux et Cie, à Paris. — Godetias.. France.

Vilmorin-Andrieux et Cie, à Paris. — Chrysanthèmes à carènes..... France.

Vilmorin-Andrieux et Cie, à Paris. — Giroflées quarantaines....... France.

Vilmorin-Andrieux et Cie, à Paris. — Plantes annuelles vivaces..... France.

Deuxièmes prix.

Béranek, à Paris. — OEillets nouveaux....... France.

Boucher (G.), à Paris. — Roses coupées....... France.

Boucher (G.), à Paris. — Roses thé......... France.

Boucher (G.), à Paris. — Hydraugeas hortensia rose............... France.

Boucher (G.), à Paris. — Hydrangeas hortensia bleu............... France.

Boucher (G.), à Paris. — Rosiers nains....... France.

Boucher (G.), à Paris. — Rosiers nains thé.... France.

Boutreux, à Montreuil-sous-Bois (Seine). — Pelargonium nouveauté.. France.

Boutreux, à Moutreuil-sous-Bois (Seine). — Pelargonium grandes fleurs............. France.

Defresne (H.) fils, à Vitry-sur-Seine (Seine). — Rosiers tiges........ France.

Defresne (H.) fils, à Vitry-sur-Seine (Seine). — Rosiers thé noisette.. France.

Defresne (H.) fils, à Vitry-sur-Seine (Seine). — Roses coupées....... France.

Defresne (H.) fils, à Vitry-sur-Seine (Seine). — Roses thé......... France.

Defresne (H.) fils, à Vitry-sur-Seine (Seine). — Roses hybrides thé... France.

Defresne (H.) fils, à Vitry-sur-Seine (Seine). — Rosiers nains et Crimson............... France.

Gérand, à Malakoff (Seine). — Plantes annuelles vivaces...... France.

Lagrange, à Oullins (Rhône).— Iris Kaempferi............... France.

Lecointe, à Louveciennes (Seine-et-Oise). — Roses coupées....... France.

Lecointe, à Louveciennes (Seine-et-Oise). — Roses thé......... France.

Nonin, à Châtillon-sous-Bagneux (Seine). — OEillets remontants... France.

Paillet fils, à Chatenay (Seine). — Delphinium............. France.

Piennes et Larigaldie, à Paris. — Cannas florifères............. France.

Refuge du Plessis-Piquet (Seine). — Roses coupées............. France.

Rothberg, à Gennevilliers (Seine). — Roses polyantha......... France.

Rothberg, à Gennevilliers (Seine). — Roses Provins Damas...... France.

Rothberg, à Gennevilliers (Seine). — Roses coupées.......... France.

Rothberg, à Gennevilliers (Seine). — Roses thé............. France.

Vallerand frères, à Taverny (Seine-et-Oise). — Begonias tubéreux cristata........... France.

Vilmorin-Andrieux et Cie, à Paris. — Immortelles à bractées......... France.

Vilmorin-Andrieux et Cie, à Paris. — Plantes pour bordures.......... France.

Vilmorin-Andrieux et Cie, à Paris. — Phlox de Drummond......... France.

Wrede à Lunebourg. — Pensées, fleurs coupées............. Allemagne.

Troisièmes prix.

Beggio (Victor), à Padoue. — Ornementation d'un panier en feuillages colorés.... Italie.

Boucher (G.), à Paris. — Rosiers Crimson..... France.

Boucher (G.), à Paris. — Rosiers sarmenteux remontants.......... France.

Boucher (G.), à Paris. — Rosiers hybrides de thé. France.

Defresne (H.) fils, à Vitry-sur-Seine (Seine). — Roses coupées....... France.

Magne, à Boulogne-sur-Seine (Seine). — OEillets remontants...... France.

Régnier, à Fontenay-sous-Bois (Seine). — OEillets fleurs coupées.... France.

Rothberg, à Gennevilliers (Seine). — Rosiers sarmenteux remontants.. France.

Rothberg, à Gennevilliers (Seine). — Rosiers sarmenteux non remontants......... France.

Thiénaut (Émile), à Paris. — Centaurée Victoria............. France.

CONCOURS DU 18 JUILLET 1900.

Hors concours.

Benary (P.), à Erfurt. — OEillets fantaisie..... Allemagne.

Cayeux et Le Clerc, à Paris. — OEillets nouveaux Rudbeckia.... France.

Croux et fils, au Val d'Aulnay (Seine). — Arbustes fleuris............ France.

Gemen et Bourg, à Luxembourg. — Roses coupées........... Luxembourg.

Lévèque et fils, à Ivry-sur-Seine (Seine). — Roses coupées.......... France.

Sallier, à Neuilly-sur-

Seine (Seine). — Plantes variées en fleurs............ France.

Soupert et Notting, à Luxembourg. — Roses coupées......... Luxembourg.

Premiers prix.

BILLIARD et BARRÉ, à Fontenay-aux-Roses(Seine). Cannas florifères..... France.

BOIVIN, à Louveciennes (Seine-et-Oise). — Phlox decussata, fleurs coupées........... France.

BOUCHER (G.), à Paris. — Roses fleurs coupées.. France.

BOULANGER, à Sèvres (Seine-et-Oise). — Pelargonium zonale, fleur double............ France.

BOUTIGNY, à Rouen (Seine-Inférieure). — Roses nouveautés........ France.

BOUTREUX, à Montreuil-sous-Bois (Seine). — Nérium (lauriers-roses)............. France.

BRUNEAU (D.), à Bourg-la-Reine (Seine). — Arbustes fleuris....... France.

DEFRESNE (H.) fils, à Vitry-sur-Seine (Seine). — Rosiers tiges et nains en pots........... France.

FÉRARD, à Paris. — Plantes vivaces............ France.

FÉRARD, à Paris. — Plantes vivaces et bisannuelles. France.

FRICHE-NETZER, à Vitry-sur-Seine (Seine). — Lilas forcés........ France.

GOUCHAULT, à Orléans (Loiret). — Cornouillers panachés............ France.

HAMEL fils, à Avranches (Manche). — OEillets types Malmaison..... France.

HAMEL fils, à Avranches (Manche). — OEillets coupés............ France.

KETTEN frères, à Luxembourg. — Roses coupées........... Luxembourg.

KETTEN frères, à Luxembourg. — Roses coupées........... Luxembourg.

LEMAIRE, à Paris. — Godetias variés........ France.

LEMOINE et fils, à Nancy (Meurthe-et-Moselle). — Phlox decussata... France.

LEMOINE et fils, à Nancy (Meurthe-et-Moselle). — Glaïeuls fleurs coupées........... France.

NONIN, à Châtillon-sous-Bagneux (Seine). — OEillets à grandes fleurs........... France.

NONIN, à Châtillon-sous-Bagneux (Seine). — Pelargonium fleurs doubles........... France.

NONIN, à Châtillon-sous-Bagneux (Seine). — Fuchsias fleurs simples et doubles..... France.

NONIN, à Châtillon-sous-Bagneux (Seine). — Dahlias fleur de cactus............. France.

PAILLET fils, à Chatenay (Seine). — Hydrangeas paniculata........... France.

POIRIER, à Versailles (Seine-et-Oise). — Pelargonium zonale à fleur simple........... France.

ROTHBERG, à Gennevilliers (Seine). — Roses coupées............. France.

ROTHBERG, à Gennevilliers (Seine). — Roses coupées............. France.

ROTHBERG, à Gennevilliers (Seine). — Roses coupées............. France.

THIÉBAUT (E.), à Paris. — Plantes bulbeuses annuelles.......... France

THIÉBAUT-LEGENDRE, à Paris. — Plantes vivaces fleuries en pots... France.

THIÉBAUT-LEGENDRE, à Paris. — Plantes vivaces fleuries, fleurs coupées........... France.

VALLERAND frères, à Taverny (Seine-et-Oise). — Begonias tubéreux. France.

VILMORIN-ANDRIEUX et Cie, à Paris. — Phlox de Drummond........ France.

VILMORIN-ANDRIEUX et Cie, à Paris. — Amarantes crête-de-coq........ France.

VILMORIN-ANDRIEUX et Cie, à Paris. — Begonias simples et gracilis... France.

VILMORIN-ANDRIEUX et Cie, à Paris. — Petunias doubles frangés...... France.

VILMORIN-ANDRIEUX et Cie, à Paris. — Plantes annuelles, bisannuelles et vivaces............ France.

VILMORIN-ANDRIEUX et Cie, à Paris. — Plantes de marché............ France.

VILMORIN-ANDRIEUX et Cie, à Paris. — Plantes alpines............ France.

Deuxièmes prix.

BEGGIO (Victor), à Padoue. — Glaïeuls........ Italie.

BILLIARD et BARRÉ, à Fontenay-aux-Roses(Seine). — Hydrangeas hortensia rose........... France.

BILLIARD et BARRÉ, à Fontenay-aux-Roses(Seine). — Hortensias fleurs bleues............ France.

BOUCHER (G.), à Paris. — Hortensias fleurs roses. France.

BOUCHER (G.), à Paris. — Hortensias fleurs bleues. France.

DEFRESNE (H.) fils, à Vitry-sur-Seine (Seine). — Roses coupées...... France.

DEFRESNE (H.) fils, à Vitry-sur-Seine (Seine). — Roses coupées...... France.

DEFRESNE (H.) fils, à Vitry-sur-Seine (Seine). — Roses coupées...... France.

DEFRESNE (H.) fils, à Vitry-sur-Seine (Seine). — Roses coupées...... France.

DIGUÈRES (R. des), à Pierrefitte (Seine-et-Oise). — OEillets........ France.

FÉRARD, à Paris. — Phlox decussata en pots.... France.

GAUGUIN, à Orléans (Loiret). — Plantes vivaces fleuries rameaux coupés.. France.

GOULEAU, à Nantes (Loire-Inférieure). — Glaïeuls de semis.......... France.

KETTEN frères, à Luxembourg. — Roses coupées........... Luxembourg.

LECOINTE, à Louveciennes (Seine-et-Oise). — Roses coupées....... France.

LEMAIRE, à Paris. — Lilium lancifolium..... France.

LEMAIRE, à Paris.— Chrysanthèmes précoces... France.

MILLET et fils, à Bourg-la-Reine (Seine). — Phlox decussata fleurs coupées........... France.

MILLET et fils, à Bourg-la-Reine (Seine). — Glaïeuls de semis ... France.

MOREL, à Lyon (Rhône). — Clématites nouveauté........... France.

NONIN, à Châtillon-sous-Bagneux (Seine). — Pelargonium fleurs simples........... France.

PIENNES et LARIGALDIE, à Paris. — Cannas florifères........... France.

RÉGNIER, à Fontenay-sous-Bois (Seine). — Œillets nouveaux......... France.

RÉGNIER, à Fontenay-sous-Bois (Seine). — Œillets coupés........... France.

ROTHBERG, à Gennevilliers (Seine). — Roses coupées........... France.

THIÉBAUT (E.), à Paris. — Campanula fragilis, phlox panaché...... France.

VALTIER (H.), à Paris. — Giroflées.......... France.

VILMORIN-ANDRIEUX et Cie, à Paris. — Celosias cristata et plumosa... France.

VILMORIN-ANDRIEUX et Cie, à Paris. — Cannas florifères........... France.

VILMORIN-ANDRIEUX et Cie, à Paris. — Zinnias... France.

VILMORIN-ANDRIEUX et Cie, à Paris. — Coleus... France.

VILMORIN-ANDRIEUX et Cie, à Paris. — Gaillardes........... France.

WREDE (H.), à Lunebourg. — Pensées coupées........... Allemagne.

Troisièmes prix.

BÉRANEK, à Paris. — Œillets variés....... France.

KETTEN frères, à Luxembourg. — Roses coupées........... Luxembourg.

LECOINTE, à Louveciennes (Seine-et-Oise). — Roses coupées....... France.

MARGUERIN, à Caen (Calvados) — Œillets.... France.

MARION, à Gagny (Seine-et-Marne). — Dahlias. France.

Mention honorable.

KETTEN frères, à Luxembourg. — Roses coupées.................................... Luxembourg.

CONCOURS DU 8 AOÛT 1900.

Hors concours.

CAYEUX et LE CLERC, à Paris. — Glaïeuls, Godetias, etc....... France.

CROUX et fils, au Val-d'Aulnay (Seine). — Arbustes fleuris, Althéa. France.

GEMEN et BOURG, à Luxembourg. — Roses coupées........... Luxembourg.

LÉVÊQUE et fils, à Ivry (Seine). — Roses coupées........... France.

LÉVÊQUE et fils, à Ivry (Seine). — Lot d'hydrangea, tiges...... France.

SALLIER (J.), à Neuilly-sur-Seine (Seine). — Phlox de Lierval..... France.

SOUPERT et NOTTING, à Luxembourg. — Roses coupées......... Luxembourg.

Premiers prix.

BILLIARD et BARRÉ, à Fontenay-aux-Roses (Seine). — Géranium «Cousine Jenny»........ France.

BILLIARD et BARRÉ, à Fontenay-aux-Roses (Seine). — Cannas florifères.. France.

BOUCHER (G.), à Paris. — Roses fleurs coupées.. France.

BOUTIGNY, à Rouen (Seine-Inférieure). — Roses nouvelles......... France.

BOUTREUX, à Montreuil (Seine). — Nerium.. France.

CHENAULT, à Orléans (Loiret). — Tamaris hispida........... France.

DEFRESNE (H.) fils, à Vitry (Seine). — Roses fleurs coupées........... France.

FÉRARD, à Paris. — Plantes annuelles, etc....... France.

FÉRARD, à Paris. — Phlox decussata......... France.

GRAVEREAU, à Neauphle-le-Château (Seine-et-Oise). — Glaïeuls, zinnias. France.

LEMOINE et fils, à Nancy (Meurthe-et-Moselle). — Glaïeuls........ France.

LEMOINE et fils, à Nancy (Meurthe-et-Moselle). — Glaïeuls teinte bleue. France.

LEMOINE et fils, à Nancy (Meurthe-et-Moselle). — Glaïeuls hybrides à grandes macules..... France.

LEMOINE et fils, à Nancy (Meurthe-et-Moselle). — Glaïeuls rustiques de semis........... France.

MILLET et fils, à Bourg-la-Reine (Seine). — Phlox decussata...... France.

NONIN, à Châtillon-sous-

Bagneux (Seine). — Pelargonium........ France.

PIENNES et LARIGALDIE, à Paris. — Cannas florifères............. France.

ROTHBERG, à Gennevilliers (Seine). — Roses coupées............. France.

ROTHBERG, à Gennevilliers (Seine). — Roses thé fleurs coupées....... France.

THIÉBAUT (Émile), à Paris. — Plantes annuelles, bulbeuses et vivaces.. France.

THIÉBAUT-LEGENDRE, à Paris. — Plantes annuelles, bulbeuses et vivaces............. France.

VILMORIN-ANDRIEUX et Cie, à Paris. — Plantes annuelles, etc......... France.

VILMORIN-ANDRIEUX et Cie, à Paris. — Glaïeuls.. France.

VILMORIN-ANDRIEUX et Cie, à Paris. — Amarantes naines........... France.

VILMORIN-ANDRIEUX et Cie, à Paris. — Zinnias grandes fleurs....... France.

VILMORIN-ANDRIEUX et Cie, à Paris. — Begonias semperflorens....... France.

VILMORIN-ANDRIEUX et Cie, à Paris. — Gaillardes.. France.

VILMORIN-ANDRIEUX et Cie, à Paris. — Plantes ornementales de semis à feuillage et à isoler............. France.

VILMORIN-ANDRIEUX et Cie, à Paris. — Plantes alpines............. France.

WREDE (H.), à Lunebourg. — Phlox fleurs coupées............. Allemagne.

WREDE, (H.) à Lunebourg. — Pensées coupées... Allemagne.

Deuxièmes prix.

BARETTE, à Caen (Calvados). — Glaïeuls.... France.

BARETTE, à Caen (Calvados). — Arbustes et plantes à feuillage et fleuris........... France.

BILLIARD et BARRÉ, à Fontenay-aux-Roses (Seine) — Cannas blancs.... France.

BOUTIGNY, à Rouen (Seine-Inférieure). — Roses fleurs coupées........ France.

BRUNEAU (D.), à Bourg-la-Reine (Seine). — Arbustes fleuris........ France.

DEFRESNE (H.) fils, à Vitry-sur-Seine (Seine). — Roses coupées........ France.

FÉRARD, à Paris. — Plantes vivaces............ France.

FÉRARD, à Paris. — Zinnias pour massifs.... France.

GOUCHAULT, à Orléans (Loiret). — Ligustrum panachés............ France.

LECOINTE, à Louveciennes (Seine-et-Oise). — Roses fleurs coupées.. France.

MAGNE, à Boulogne (Seine). — OEillets remontants. France.

MILLET et fils, à Bourg-la-Reine (Seine). — Phlox fleurs coupées.. France.

NONIN, à Châtillon-sous-Bagneux (Seine). — OEillets remontants.. France.

NONIN, à Châtillon-sous-Bagneux (Seine). — Pelargonium peltatum forts............. France.

PACOTTO, à Vincennes (Seine). — Dahlias, fleurs coupées....... France.

PERRAULT fils, à Angers (Maine-et-Loire). — Agaves............ France.

ROTHBERG, à Gennevilliers (Seine). — Roses thé fleurs coupées....... France.

THIÉBAUT (Émile), à Paris. — Pétunias..... France.

THIÉBAUT-LEGENDRE, à Paris. — Plantes vivaces............. France.

THIÉBAUT-LEGENDRE, à Paris. — Plantes vivaces en pots.......... France.

VALTIER, à Paris. — Zinnias............ France.

VILMORIN-ANDRIEUX et Cie, à Paris. — Cannas florifères............. France.

VILMORIN-ANDRIEUX et Cie, à Paris. — Plantes grimpantes........ France.

VILMORIN-ANDRIEUX et Cie, à Paris. — Pervenches de Madagascar...... France.

Troisièmes prix.

MILLET et fils, à Bourg-la-Reine (Seine). — Glaïeuls........... France.

RÉGNIER, à Fontenay-sous-Bois (Seine). — OEillets fleurs coupées............. France.

THIÉBAUT (Émile), à Paris. — Begonias Bertini............. France.

THIÉBAUT-LEGENDRE, à Paris. — Rudbeckia.... France.

Mentions honorables.

ROLLÉ, à Paris. — Mosaïculture........... France

SERINGE, à Ville-d'Avray (Seine-et-Oise). — Cyclamen des Alpes.... France.

VALTIER (H.), à Paris. — OEillets perpétuels fantaisie, Reine-marguerite blanche........ France.

CONCOURS DU 22 AOÛT 1900.

Hors concours.

CAYEUX et LE CLERC, à Paris. — Glaïeuls, zinnias verts.......... France.

CROUX et fils, au Val-d'Aulnay (Seine). — Arbustes à haies ornementales.......... France.

CROUX et fils, au Val-d'Aulnay (Seine). — Helenium automnale à tige.......... France.

GEMEN et BOURG, à Luxembourg. — Roses coupées.......... Luxembourg.

LÉVÊQUE et fils, à Ivry (Seine). — Roses coupées.......... France.

SOUPERT et NOTTING, à Luxembourg. — Roses coupées, semis nouveaux.......... Luxembourg.

Premiers prix.

AYMARD, à Montpellier (Hérault). — Nerium laurier-rose tiges.... France.

BARRETTE, à Caen (Calvados). — Glaïeuls... France.

BARRETTE, à Caen (Calvados). — Plantes vivaces fleurs coupées... France.

BILLIARD et BARRÉ, à Fontenay-aux-Roses (Seine). — Cannas nouveaux.. France.

BILLIARD et BARRÉ, à Fontenay-aux-Roses (Seine). — Cannas florifères.. France.

BOUCHER (G.), à Paris. — Althéas fleurs coupées, roses............ France.

BOUTREUX, à Montreuil (Seine). — Nerium oleander (laurier-rose). France.

DEFRESNE (H.) fils, à Vitry (Seine). — Roses thés et hybrides fleurs coupées.... .... France.

FÉRARD, à Paris. — Reine-marguerites........ France.

FÉRARD, à Paris. — Plantes annuelles, bisannuelles et vivaces.... France.

GRAVEREAU, à Neauphle-le-Château (Seine-et-Oise). — Reine-marguerites.......... France.

LAGRANGE, à Oullins (Rhône). — Plantes aquatiques, Nélumbium fleurs coupées....... France.

LEMAIRE, à Paris. — Chrysanthèmes précoces blancs........ France.

LEMAIRE, à Paris. — Chrysanthèmes hâtifs.. France.

LEMAIRE, à Paris. — Chrysanthèmes précoces, lot d'ensemble... France.

LEMOINE et fils, à Nancy (Meurthe-et-Moselle). — Glaïeuls hybrides Lemoinei nouveautés.. France.

LEMOINE et fils, à Nancy (Meurthe-et-Moselle). — Glaïeuls dracocephales.......... France.

LEMOINE et fils, à Nancy (Meurthe-et-Moselle). — Glaïeuls Lemoinei. France.

LEMOINE et fils, à Nancy (Meurthe-et-Moselle). — Glaïeuls à fleurs bleues............ France.

LEMOINE et fils, à Nancy (Meurthe-et-Moselle). — Glaïeuls Nanceianus. France.

MILLET et fils, à Bourg-la-Reine (Seine). — Phlox decussata...... France.

NONIN, à Châtillon-sous-Bagneux (Seine). — Begonia colosse..... France.

NONIN, à Châtillon-sous-Bagneux (Seine). — Pelargonium zonales.. France.

NONIN, à Châtillon-sous-Bagneux (Seine). — Pelargonium zonales tiges............ France.

PERNET-DUCHER, à Lyon (Rhône). — Roses nouvelles............. France.

PIENNES et LARIGALDIE, à Paris. — Cannas florifères............ France.

POIRIER, à Versailles (Seine-et-Oise). — Pelargonium fleurs simples pour massifs.... France.

ROTHBERG, à Gennevilliers (Seine). — Roses hybrides............ France.

ROTHBERG, à Gennevilliers (Seine). — Roses thés et hybrides, fleurs coupées............ France.

ROTHBERG, à Gennevilliers (Seine). — Roses thés et hybrides, fleurs coupées............ France.

THIÉBAUT (Émile), à Paris. — Plantes annuelles et vivaces, fleurs coupées........... France.

THIÉBAUT-LEGENDRE, à Paris. — Plantes annuelles et vivaces, fleurs coupées........... France.

VALTIER (H.), à Paris. — OEillets, marguerites, etc............. France.

VILMORIN-ANDRIEUX et Cie, à Paris. — Plantes annuelles............ France.

VILMORIN-ANDRIEUX et Cie, à Paris. — Cannas florifères.......... France.

VILMORIN-ANDRIEUX et Cie, à Paris. — Dahlias fleurs coupées.......... France.

VILMORIN-ANDRIEUX et Cie, à Paris. — Reine-marguerites, lot d'ensemble........... France.

VILMORIN-ANDRIEUX et Cie, à Paris. — Dahlias en pots............ France.

VILMORIN-ANDRIEUX et Cie, à Paris. — Glaïeuls de Gand............ France.

VILMORIN-ANDRIEUX et Cie, à Paris. — Amarantes à grandes fleurs...... France.

WELKER père, à la Celle-Saint-Cloud (Seine). — Montbretias de semis............. France.

Deuxièmes prix.

Asile de Ville-Évrard (Seine-et-Oise). — Pelargonium zonales.... France.

Asile de Ville-Évrard (Seine-et-Oise). — Cannas........... France.

Billiard et Barré, à Fontenay-aux-Roses (Seine). — Abutilon nouveauté. France.

Boucher (G.), à Paris. — Solanum Wendlandii. France.

Bruneau, à Bourg-la-Reine (Seine). — Arbustes à feuilles caduques............. France.

Defresne (H.) fils, à Vitry-sur-Seine (Seine). — Roses coupées hybrides........... France.

Férard, à Paris. — Lobélias vivaces hybrides............ France.

Férard, à Paris. — Reine-marguerite empereur. France.

Gauguin, à Orléans (Loiret). — Plantes vivaces fleuries, fleurs coupées............. France.

Ponce fils, à Nogent-sur-Seine (Aube). — Cyclamen en fleurs..... France.

Thiébaut-Legendre, à Paris. — Plantes en pots fleuries........... France.

Valtier, à Paris. — Zinnias à grandes fleurs.. France.

Vilmorin-Andrieux et Cie,

à Paris. — Begonia «Shah de Perse».... France.

Vilmorin-Andrieux et Cie, à Paris. — Œillets mignardise à grandes fleurs........... France.

Vilmorin-Andrieux et Cie, à Paris. — Célosies à panache........... France.

Vilmorin-Andrieux et Cie, à Paris. — Plantes pour rocailles....... France.

Vilmorin-Andrieux et Cie, à Paris. — Zinnias grands et nains à grandes fleurs...... France.

Vilmorin-Andrieux et Cie, à Paris. — Belles de nuit............. France.

Troisièmes prix.

Millet et fils, à Bourg-la-Reine (Seine). — Phlox en fleurs coupées.............. France.

Millet et fils, à Bourg-la-Reine (Seine). — Glaïeuls hybrides.... France.

Patin (Lucien), au Perreux (Seine). — Begonias semperflorens doubles........... France.

Poirier, à Versailles (Seine-et-Oise). — Begonias tubéreux..... France.

Régnier, à Fontenay-sous-Bois (Seine). — Œillets fleurs coupées... France.

Vilmorin-Andrieux et Cie, à Paris. — Phlox vivaces nains......... France.

Mention honorable.

Patin (Lucien), au Perreux (Seine). — Bégonias tubéreux fleurs coupées.................... France.

CONCOURS DU 12 SEPTEMBRE 1900.

Hors concours.

Cayeux et Le Clerc, à Paris. — Delphinium, glaïeuls, dahlias..... France.

Croux et fils, au Val-d'Aulnay (Seine). — Arbustes fleuris et à baies ornementales....... France.

Gemen et Bourg, à Luxembourg. — Roses coupées........... Luxembourg.

Lévêque et fils, à Ivry (Seine). — Rosiers en pots............ France.

Lévêque et fils, à Ivry (Seine). — Roses fleurs coupées........... France.

Lévêque et fils, à Ivry (Seine). — Œillets tige-de-fer remontants............ France.

Souppert et Notting, à Luxembourg. — Roses coupées......... Luxembourg.

Premiers prix.

Bernardeau, à Houilles (Seine-et-Oise). — Dahlias cactus....... France.

Beurrier, à Lyon (Rhône). — Œillets tiges-de-fer. France.

Billiard et Barré, à Fontenay-aux-Roses (Seine). — Cannas florifères. France.

Boucher (G.), à Paris. — Rosiers nains....... France.

Boucher (G.), à Paris. — Rosiers thé et hybrides de thé........... France.

Boutreux, à Montreuil (Seine). — Lauriers roses............ France.

Bruneau (D.), à Bourg-la-Reine (Seine). — Arbustes fleuris et à baies ornementales....... France.

Danjoux, à Neuville-sur-Saône (Rhône). — Dahlias décoratifs de semis.............. France.

Defresne (H.) fils, à Vitry (Seine). — Rosiers tiges............. France.

Defresne (H.) fils, à Vitry (Seine). — Roses thé et noisette........ France.

Depresne (H.) fils, à Vitry
(Seine). — Roses.... France.

Férard, à Paris. —
Plantes annuelles, bis-
annuelles, etc....... France.

Férard, à Paris. —
Reine-marguerites ... France.

Friche-Netzer, à Vitry
(Seine). — Gerbe de
lilas forcé.......... France.

Gravereau, à Neauphle-
le-Château (Seine-et-
Oise). — Reine-mar-
guerites........... France.

Gravereau, à Neauphle-
le-Château (Seine-et-
Oise). — Glaïeuls,
zinnias, giroflées, etc. France.

Jardin botanique de Lyon
(Rhône). — Dahlia
« M. Viger »........ France.

Jupeau, au Kremlin-Bi-
cêtre (Seine). — Rose,
variété « Jean Dupuy ». France.

Jupeau, au Kremlin-Bi-
cêtre (Seine). — Ro-
siers nains......... France.

Ketten frères, à Luxem-
bourg. — Roses hy-
brides, fleurs cou-
pées............ Luxembourg.

Ketten frères, à Luxem-
bourg. — Roses thé,
fleurs coupées..... Luxembourg.

Ketten frères, à Luxem-
bourg. — Roses... Luxembourg.

Ketten frères, à Luxem-
bourg. — Roses thé et
noisette.......... Luxembourg.

Lemaire, à Paris. —
Chrysanthèmes à fleurs
blanches.......... France.

Lemaire, à Paris. —
Chrysanthèmes pré-
coces décoratifs...... France.

Lemoine et fils, à Nancy
(Meurthe-et-Moselle).
— Anémone japonica. France.

Lemoine et fils, à Nancy
(Meurthe-et-Moselle).
— Begonias semperflo-
rens à fleurs doubles. France.

Lemoine et fils, à Nancy
(Meurthe-et-Moselle).
— Clématite semis Da-
videana........... France.

Millet et fils, à Bourg-
la-Reine (Seine). —
Glaïeuls variés, fleurs
coupées.......... France.

Molin, à Lyon (Rhône).

— Dahlias, fleurs cou-
pées............. France

Nonin, à Châtillon-sous-
Bagneux (Seine). —
Dahlias cactus nou-
veaux............ France.

Nonin, à Châtillon-sous-
Bagneux (Seine). —
Dahlias cactus en pots. France

Nonin, à Châtillon-sous-
Bagneux (Seine). —
Pelargonium zonale
double........... France

Pfitzer (W.), à Stuttgard.
— Tritomas de semis. Allemagne

Pfitzer (W.), à Stuttgard.
— Glaïeuls nouveaux. Allemagne.

Pfitzer (W.), à Stuttgard.
— Begonias tubéreux
tuyautés.......... Allemagne.

Piennes et Larigaldie, à
Paris. — Dahlias à
grandes fleurs en pots. France.

Piennes et Larigaldie, à
Paris. — Dahlias va-
riés, fleurs coupées... France.

Piennes et Larigaldie, à
Paris. — Cannas flo-
rifères............ France.

Poirier, à Versailles
(Seine-et-Oise). — Pe-
largonium zonale sim-
ples............. France.

Rothberg, à Gennevilliers
(Seine). — Rosiers
hybrides Bourbon.... France.

Rothberg, à Gennevilliers
(Seine). — Roses thé
et noisette........ France

Rothberg, à Gennevilliers
(Seine). — Roses thé. France.

Sander and C°, à Saint-Albans. — Retinospora
sanderii...... Grande-Bretagne.

Société régionale d'horticulture de Vincennes
(Seine). — Cannas.. France.

Thiébaut (Émile), à Paris.
— Plantes annuelles
et vivaces......... France.

Thiébaut-Legendre, à
Paris. — Plantes an-
nuelles et vivaces.... France.

Thiébaut-Legendre, à
Paris. — Plantes an-
nuelles et vivaces en
pots'............ France.

Urbain fils, à Clamart
(Seine). — Begonia
multiflore nouveau... France.

Vallerand frères, à Ta-

verny (Seine-et-Oise).
— Begonias tubéreux
simples........... France.

Vallerand frères, à Ta-
verny (Seine-et-Oise).
— Begonias tubéreux
cristata........... France.

Vallerand frères, à Ta-
verny (Seine-et-Oise).
— Begonias tubéreux
fleurs doubles....... France.

Valtier, à Paris. — Reine-
marguerites........ France.

Vilmorin-Andrieux et Cie,
à Paris. — Lonicera
thibetica.......... France.

Vilmorin-Andrieux et Cie,
à Paris. — Dahlias
à grandes fleurs..... France.

Vilmorin-Andrieux et Cie,
à Paris. — Dahlias
Lilliput fleurs coupées. France.

Vilmorin-Andrieux et Cie,
à Paris. — Dahlias
cactus fleurs coupées.. France.

Vilmorin-Andrieux et Cie,
à Paris. — Dahlias
décoratifs, fleurs cou-
pées............. France.

Vilmorin-Andrieux et Cie,
à Paris. — Dahlias
simples, fleurs coupées. France.

Vilmorin-Andrieux et Cie,
à Paris. — Cannas
florifères.......... France.

Vilmorin-Andrieux et Cie,
à Paris. — Dahlias,
lot d'ensemble...... France.

Vilmorin-Andrieux et Cie,
à Paris. — Celosies
naines........... France.

Vilmorin-Andrieux et Cie,
à Paris. — Glaïeuls
de Gand.......... France.

Vilmorin-Andrieux et Cie,
à Paris. — Zinnias à
grandes fleurs...... France.

Vilmorin-Andrieux et Cie,
à Paris. — Reine-mar-
guerites, lot d'ensemble France.

Vilmorin-Andrieux et Cie,
à Paris. — Plantes
d'isolement........ France.

Vilmorin-Andrieux et Cie,
à Paris. — Plantes an-
nuelles, bisannuelles
et vivaces......... France.

Wrede (H.), à Lunebourg.
— Pensées fleurs cou-
pées............. Allemagne.

Deuxièmes prix.

BOIVIN, à Louveciennes (Seine-et-Oise). — Begonia tubéreux «Madame Mandrot»..... France.

BOUCHER (G.), à Paris. — Roses............. France.

CHARMET, à Lyon (Rhône). —- Dahlia nouveau... France.

DEFRESNE (H.) fils, à Vitry (Seine). -- Rosiers hybrides............ France.

DEFRESNE (H.) fils, à Vitry (Seine). — Roses thé et noisette... ..... France.

DEFRESNE (H.) fils, à Vitry (Seine). — Rosiers thé............. France.

DEFRESNE (H.) fils, à Vitry (Seine).— Rosiers tiges nains............ France.

DESFOSSÉ-THUILLIER et Cie, à Orléans (Loiret). —

Tritoma nouveau «Prospero»............ France.

DIGUIÈRES (R. DES), à Pierrefitte (Seine). — OEillets tiges-de-fer... France.

HEYNECK (O.), à Magdebourg. — Pelargonium zonale météore...... Allemagne.

JUPEAU, au Kremlin-Bicêtre (Seine). - Roses thé et noisette...... France.

LIONNET (Z.), à Maisons-Laffitte (Seine-et-Oise). — Chrysanthèmes précoces............ France.

MILLET et fils, à Bourg-la-Reine (Seine). — Plantes vivaces fleurs coupées............ France.

MILLET et fils, à Bourg-la-Reine (Seine). — Phlox decussata en pots. France.

MOLIN, à Lyon (Rhône).

— Dahlia nouveau «Mlle H. Charmet»... France.

NONIN, à Châtillon-sous-Bagneux (Seine). -— Plumbago capensis... France.

PFITZER (W.), à Stuttgard. —- Montbretias de semis............... Allemagne.

PFITZER (W.), à Stuttgard. ...- Salvia «Gloire de Stuttgard»......... Allemagne.

URBAIN fils, à Clamart (Seine). — Begonias multiflore........... France.

VALTIER (H.), à Paris. — OEillets perpétuels et reine-marguerites.... France.

VILMORIN-ANDRIEUX et Cie, à Paris. —- Amarantes à grandes fleurs..... France.

WREDE (H.), à Lunebourg. — Reine-marguerites. Allemagne.

Troisièmes Prix.

DESFOSSÉ-THUILLIER et Cie, à Orléans (Loiret). - Yuccas panachés..... France.

PATIN (Lucien), au Per-

reux (Seine). — Begonias semperflorens... France.

PFITZER (W.), à Stuttgard.- Zinnias fleurs coupées. Allemagne.

SOCIÉTÉ RÉGIONALE D'HORTICULTURE DE VINCENNES (Seine). -- Begonia «Lafayette»........ France.

Mentions honorables.

PAGÈS (Paul), à Lézignan (Aude).— Dahlias, pelargonium, fleurs coupées............. France.

SOCIÉTÉ RÉGIONALE D'HORTICULTURE DE VINCENNES (Seine). — Bégonias. France.

VAN DEN HEEDE et fils, à

Lille (Nord). — Dahlias variés, fleurs coupées............. France.

CONCOURS DU 26 SEPTEMBRE 1900.

Hors concours.

CAYEUX et LE CLERC, à Paris. — Dahlias en pots............. France.

CAYEUX et LE CLERC, à Paris. — Dahlias cactus décoratifs, fleurs coupées .... France.

CAYEUX et LE CLERC, à Paris. -— Plantes diverses : Penstemon, Phlox vivaces, Begonias boliviensis, etc.. France.

LÉVÊQUE et fils, à Ivry-sur-Seine (Seine). —

OEillets tiges-de-fer, remontants .... France.

LÉVÊQUE et fils, à Ivry-sur-Seine (Seine). — Roses fleurs coupées.. France.

Premiers prix.

BILLARD (Arthur), au Vésinet (Seine-et-Oise). — Begonias tubéreux doubles de semis..... France.

BILLARD (Arthur), au Vésinet (Seine-et-Oise).

— Begonias tubéreux simples, doubles et marmorata........... France.

BILLARD (Arthur), au Vésinet (Seine-et-Oise). — Begonias cristata.. France.

BILLIARD et BARRÉ, à Fontenay-aux-Roses (Seine). — Cannas florifères............ France.

BOUCHER (G.), à Paris. — Rosiers tiges et nains. France.

Boucher (G.), à Paris. — Roses coupées....... France.

Boucher (G.), à Paris. — Clématites .... France.

Boutreux, à Montreuil (Seine). — Lauriers roses............. France.

Charmet, à Lyon (Rhône). — Dahlias simples et cactus nouveaux..... France.

Diguères (R. des), à Pierrefitte (Seine-et-Oise). — OEillets remontants tige-de-fer .... France.

Férard, à Paris. — Asters. France.

Férard, à Paris. — Dahlias, fleurs coupées... France.

Friche-Netzer, à Vitry (Seine). — Gerbe de lilas forcé.......... France.

Gravereau, à Neauphle-le-Château (Seine-et-Oise). — Glaïeuls, reine-marguerites, zinnias............. France.

Lemaire, à Paris. — Chrysanthèmes en pots.... France.

Lionnet (Z.), à Maisons-Laffitte (Seine-et-Oise). — Chrysanthèmes ... France.

Lionnet (L.), à Maisons-Laffitte (Seine-et-Oise). — Chrysanthèmes japonais............. France

Millet et fils, à Bourg-la-Reine (Seine). — Glaïeuls .... France.

Millet et fils, à Bourg-la-Reine (Seine). — Montbretias .... France.

Molin, à Lyon (Rhône). — Dahlias......... France.

Nonin, à Châtillon-sous-Bagneux (Seine). — Dahlias jaunes et blancs. France.

Nonin, à Châtillon-sous-Bagneux (Seine). — Dahlias cactus en pots. France.

Nonin, à Châtillon-sous-Bagneux (Seine). — Dahlias en fleurs coupées............. France.

Nonin, à Châtillon-sous-Bagneux (Seine). — Salvias et fuschias.... France.

Paillet fils, à Chatenay (Seine). — Dahlias cactus rouges de semis. France.

Paillet fils, à Chatenay (Seine). — Dahlias cactus fleurs coupées.. France.

Piennes et Larigaldie, à Paris. — Dahlias en pots............. France.

Piennes et Larigaldie, à Paris. — Dahlias fleurs coupées........... France.

Piennes et Larigaldie, à Paris. — Cannas florifères............. France.

Poirier, à Versailles (Seine-et-Oise). — Pelargonium zonales simples .... France.

Rothberg, à Gennevilliers (Seine). — Roses hybrides, roses mousseuses, etc........ France.

Rothberg, à Gennevilliers (Seine). — Roses thé et hybrides de thé... France.

Société horticole, vigneronne et forestière de l'Aube, à Troyes (Aube).—Plantes fleuries............. France.

Société d'horticulture de Boulogne-sur-Seine (Seine). — Roses coupées............. France.

Société d'horticulture de Boulogne-sur-Seine (Seine). — Plantes fleuries.......... France.

Tallandier, à Nancy (Meurthe-et-Moselle). — Begonias tubéreux nouveaux......... France.

Thiébaut (Émile), à Paris. — Plantes vivaces annuelles, bisannuelles, en fleurs coupées.... France.

Thiébaut-Legendre, à Paris. — Aster nouveau, Erigeron coulteri, lot d'ensemble de plantes fleuries...... France.

Thiébaut-Legendre, à Paris. — Plantes vivaces............. France.

Thiébaut-Legendre, à Paris. — Plantes vivaces, annuelles, etc.. France.

Vallerand frères, à Bois-Colombes (Seine). — Begonias tubéreux simples .... France.

Vallerand frères, à Bois-Colombes (Seine). — Begonias cristata..... France.

Vallerand frères, à Bois-Colombes (Seine). — Begonias tubéreux picta marmorata......... France.

Vallerand frères, à Bois-Colombes (Seine). — Begonias doubles..... France.

Vilmorin-Andrieux et Cie, à Paris. — Plantes d'introduction de la Chine............. France.

Vilmorin-Andrieux et Cie, à Paris. — Amarantes crête-de-coq ..... France.

Vilmorin-Andrieux et Cie, à Paris. — Zinnias... France.

Vilmorin-Andrieux et Cie, à Paris. — Cannas florifères........... France.

Vilmorin-Andrieux et Cie, à Paris. — Capucines grandes et naines.... France.

Vilmorin-Andrieux et Cie, à Paris. — Chrysanthèmes d'automne.... France.

Vilmorin-Andrieux et Cie, à Paris. — Dahlias en pots .... France.

Vilmorin-Andrieux et Cie, à Paris. — Reine-marguerites......... France.

Vilmorin-Andrieux et Cie, à Paris. — Plantes annuelles, bisannuelles et vivaces............. France.

Vilmorin-Andrieux et Cie, à Paris. — Dahlias grandes fleurs et décoratifs .... France.

Vilmorin-Andrieux et Cie, à Paris. — Dahlias cactus, fleurs coupées... France.

Vilmorin-Andrieux et Cie, à Paris. — Anémones du Japon .... France.

Deuxièmes prix.

Bel, à Nancy (Meurthe-et-Moselle). — Dahlias fleurs coupées....... France.

Beurrier, à Lyon (Rhône). — OEillets remontants fleurs coupées....... France.

Billard (Arthur), au Vésinet (Seine-et-Oise). — Begonias doubles.. France.

BILLARD (Arthur), au Vésinet (Seine-et-Oise). — Begonias tubéreux, «Jacques Welker» ... France.

BILLIARD et BARRÉ, à Fontenay-aux-Roses(Seine). — Cannas nouveaux de semis ... France.

BILLIARD et BARRÉ, à Fontenay-aux-Roses(Seine). — Pelargonium zonale de semis ... France.

BILLIARD et BARRÉ, à Fontenay-aux-Roses(Seine). — Cannas fleurs coupées ... France.

BONDON, à Saint-Maur-les-Fossés (Seine). — Begonias ligneux ... France.

BRUN (Jean), à Montagny (Loire). — Roses coupées ... France.

BRUNEAU (D.), à Bourg-la-Reine (Seine). — Arbustes fleuris et à baies ornementales ... France.

COURBRON, à Billancourt (Seine). — OEillets remontants ... France.

FÉRARD, à Paris. — Amaryllis belladona ... France.

LEMAIRE, à Paris. — Chrysanthèmes nouveaux ... France.

LEMAIRE, à Paris. — Chrysanthèmes, fleurs coupées ... France.

LEMAIRE, à Paris. — Lilium lancifolium ... France.

MILLET et fils, à Bourg-la-Reine (Seine). — Salvias ... France.

MILLET et fils, à Bourg-la-Reine (Seine). — Aster, fleurs coupées ... France.

MONTIGNY, à Orléans (Loiret). — Chrysanthèmes, fleurs coupées .. France.

NONIN, à Châtillon-sous-Bagneux (Seine). — Chrysanthèmes de plein air ... France.

PAILLET fils, à Chatenay (Seine). — Dahlias cactus et décoratifs en pots ... France.

PATIN, au Perreux (Seine). — Begonias «Patin». France.

PERNET-DUCHER, à Lyon (Rhône) — Roses thé hybrides et semis nouveauté ... France.

ROTHBERG, à Gennevilliers (Seine). — Roses thé hybrides ... France.

SOCIÉTÉ D'HORTICULTURE DE Soissons (Aisne). — Plantes fleuries ... France.

SOCIÉTÉ D'HORTICULTURE DE VILLEMONBLE (Seine). — Dahlias simples et doubles, fleurs coupées. France.

SOCIÉTÉ D'HORTICULTURE DE VILLEMONBLE (Seine). — Begonias tubéreux et autres plantes ... France.

THIÉBAUT (Émile), à Paris. — Dahlias, fleurs coupées ... France.

VALTIER (H.), à Paris. — Zinnias et salvias ... France.

VILMORIN-ANDRIEUX et Cie, à Paris. — Aster de Chine à grandes fleurs. France.

VILMORIN-ANDRIEUX et Cie, à Paris. — Dahlias Lilliput ... France.

VILMORIN-ANDRIEUX et Cie, à Paris. — Glaïeuls de Gand ... France.

WREDE (H.), à Lunebourg. — Pensées coupées .. Allemagne.

WREDE (H.), à Lunebourg. — Reine-marguerites. Allemagne.

Troisièmes prix.

BILLARD (Arthur), au Vésinet (Seine-et-Oise). — Begonias doubles de semis ... France.

LECOINTE, à Louveciennes (Seine-et-Oise). — Roses coupées ... France.

NOULEZ, à Garches (Seine-et-Oise). — Begonias ... France.

TESSIER, à Saumur (Maine-et-Loire). — Dahlias cactus ... France.

UNION HORTICOLE DE NOGENT, à Nogent-sur-Marne (Seine). — Dahlias ... France.

VILMORIN-ANDRIEUX et Cie, à Paris. — Dolique pourpre du Soudan .. France.

Mentions honorables.

BILLARD (Arthur), au Vésinet (Seine-et-Oise). — Begonias tubéreux doubles ... France.

PIDOUX, à Paris. — Anthemis spécimen ... France.

CONCOURS DU 10 OCTOBRE 1900.

Hors concours.

COUTURIER-MENTION, à Saint-Michel-Bougival (Seine-et-Oise). — Roses, fleurs coupées ... France.

LÉVÊQUE et fils, à Ivry-sur-Seine (Seine). — OEillets tiges-de-fer remontants ... France.

LÉVÊQUE et fils, à Ivry-sur-Seine (Seine). — Roses, fleurs coupées ... France.

MOSER (Jean), à Versailles (Seine-et-Oise). — Gynérium touffes variés. France.

MOSER (Jean), à Versailles (Seine-et-Oise). — Tritomas, yuccas variés ... France.

Premiers prix.

BILLARD (Arthur), au Vésinet (Seine-et-Oise). — Begonias tubéreux cristata ... France.

BILLARD (Arthur), au Vésinet (Seine-et-Oise). — Begonias tubéreux doubles ... France.

BILLARD (Arthur), au Vésinet (Seine-et-Oise). — Begonias tubéreux simples ... France.

Billiard et Barré, à Fontenay-aux-Roses (Seine). — Bégonia « le Vésuve »............. France.
Billiard et Barré, à Fontenay-aux-Roses (Seine). — Cannas florifères France.
Bitton, à Paris. — Chrysanthèmes, fleurs coupées............. France.
Boucher (G.), à Paris. — Clématites .... France.
Férard, à Paris. — Asters.............. France.
Friche-Netzer, à Vitry-sur-Seine (Seine). — Gerbes de lilas forcés. France.
Lemaire, à Paris. — Chrysanthèmes du Japon... France.
Lemaire, à Paris. — Chrysanthèmes...... France.
Lemaire, à Paris. — Chrysanthèmes jaunes et roses........... France.
Lemaire, à Paris. — Chrysanthèmes « Président Lemaire »...... France.
Molin, à Lyon (Rhône). — Dahlias cactus en tous genres, fleurs coupées........... France.
Montigny, à Lyon (Rhône). — Chrysanthèmes, fleurs coupées....... France.
Nonin, à Châtillon-sous-Bagneux (Seine). — Chrysanthèmes...... France.
Nonin, à Châtillon-sous-Bagneux (Seine). — Chrysanthèmes pour massifs........... France.
Nonin, à Châtillon-sous-Bagneux (Seine). — Dahlias cactus...... France.
Nonin, à Châtillon-sous-Bagneux (Seine). — Dahlias cactus, fleurs coupées .... France.
Paillet fils, à Chatenay

(Seine). — Dahlias cactus............ France.
Paillet fils, à Chatenay (Seine). — Dahlias cactus, fleurs coupées. France.
Piennes et Larigaldie, à Paris (Seine). — Dahlias simples et doubles, fleurs coupées....... France.
Piennes et Larigaldie, à Paris (Seine). — Cannas florifères........ France.
Piennes et Larigaldie, à Paris (Seine). — Chrysanthèmes pour massifs........... France.
Poirier, à Versailles (Seine-et-Oise). — Pelargonium zonale pour massifs........... France.
Poirier, à Versailles (Seine-et-Oise). — Pelargonium .... France.
Poirier, à Versailles (Seine-et-Oise). — Pelargonium nouveautés.. France.
Rothberg, à Gennevilliers (Seine). — Roses Bourbon et noisette...... France.
Rothberg, à Gennevilliers (Seine). — Roses thé........... France.
Thiébaut (Émile), à Paris. — Plantes annuelles vivaces, etc......... France.
Thiébaut (Émile), à Paris. — Lilium, tubéreuses. France.
Thiébaut-Legendre, à Paris. — Plantes annuelles, vivaces et bulbeuses .. France.
Thiébaut-Legendre, à Paris. — Plantes vivaces en pots........... France.
Vallerand frères, à Bois-Colombes (Seine). — Begonias tubéreux ... France.
Vallerand frères, à Bois-Colombes (Seine). —

Begonias tubéreux cristata............. France.
Vallerand frères, à Bois-Colombes (Seine). — Begonias tubéreux doubles............. France.
Vallerand frères, à Bois-Colombes (Seine). — Begonias doubles cristata bicolores....... France.
Valtier, à Paris. — Dahlias simples et doubles, fleurs coupées.. France.
Vilmorin-Andrieux et Cie, à Paris. — Chrysanthèmes à grandes fleurs France.
Vilmorin-Andrieux et Cie, à Paris. — Chrysanthèmes à grandes fleurs France.
Vilmorin-Andrieux et Cie, à Paris. — Chrysanthèmes pour massifs.. France.
Vilmorin-Andrieux et Cie, à Paris. — Dahlias en pots............. France.
Vilmorin-Andrieux et Cie, à Paris. — Dahlias décoratifs, fleurs coupées............. France.
Vilmorin-Andrieux et Cie, à Paris. — Dahlias cactus décoratifs..... France.
Vilmorin-Andrieux et Cie, à Paris. — Dahlias à fleurs simples....... France.
Vilmorin-Andrieux et Cie, à Paris. — Petunias simples........... France.
Vilmorin-Andrieux et Cie, à Paris. — Reine-marguerites........... France.
Vilmorin-Andrieux et Cie, à Paris. — Plantes annuelles et vivaces.... France.
Vilmorin-Andrieux et Cie, à Paris. — Cannas florifères .... France.
Wrede (H.), à Lunebourg. — Pensées en fleurs coupées........... Allemagne.

Deuxièmes prix.

Beurrier, à Lyon (Rhône). — Œillets remontants......... France.
Boucher (G.), à Paris. — Roses, fleurs coupées. France.
Boutreux, à Montreuil-sous-Bois (Seine). — Chrysanthèmes pour massifs........... France.
Boutreux, à Montreuil-sous-Bois (Seine). —

Chrysanthèmes sur tiges.............. France.
Bruneau (D.), à Bourg-la-Reine (Seine). — Arbustes à baies ornementales............. France.
Charmet, à Lyon (Rhône). — Dahlias nouveaux.. France.
Courbron, à Billancourt (Seine). — Œillets remontants......... France.

Diguères (R. des), à Pierrefitte (Seine-et-Oise). — Œillets remontants... France.
Dubousset (Michel), à Paris. — Gerbes de roses.............. France.
Férard, à Paris. — Begonia Bertini nain... France.
Gouchault, à Orléans (Loiret). — Dahlias nouveaux......... France.

LAPLACE, à Paris. — Leonitis leonurus...... France.

LAUNAY, à Sceaux (Seine). — Chrysanthèmes... France.

LECOINTE, à Louveciennes (Seine-et-Oise). — Roses, fleurs coupées. France.

LEMAIRE, à Paris. — Chrysanthèmes, fleurs coupées............. France.

LEMAIRE, à Paris. — Chrysanthèmes blancs..... France.

MILLET et fils, à Bourg-la-Reine (Seine). — Glaïeuls, fleurs coupées. France.

MILLET et fils, à Bourg-la-Reine (Seine). — Glaïeuls, fleurs coupées. France.

MILLET et fils, à Bourg-la-Reine. (Seine). — Montbretias en pots.. France.

NONIN, à Châtillon-sous-Bagneux (Seine). — Bouvardias variés.... France.

PAINTÈCHE, à Boulogne (Seine). — Begonia nouveau.......... France.

POIRIER, à Versailles (Seine-et-Oise). — Begonias métalliques nouveaux. France.

ROSETTE, à Caen (Calvados). — Chrysanthèmes fleurs coupées et plantes vivaces........... France.

ROTHBERG, à Gennevilliers (Seine). — Roses hybrides thé........ France.

THIÉBAUT (Émile), à Paris. — Dahlias fleurs coupées............. France.

VALLERAND frères, à Bois-Colombes (Seine). — Begonia « Triomphe de Bois-Colombes »..... France.

VALLERAND frères, à Bois-Colombes (Seine. — Begonias doubles, jaunes. France.

VALLERAND frères, à Bois-Colombes (Seine). — Begonia de Savigny.. France.

VALLERAND frères, à Bois-Colombes (Seine). — Begonias doubles monstrueux........... France.

VALLERAND frères, à Bois-Colombes (Seine). — Begonias simples ondulés........... France.

VALTIER (H.), à Paris. — Begonia « Abondance de Poissy »......... France.

VILMORIN-ANDRIEUX et Cie, à Paris. — Anémone du Japon.......... France.

VILMORIN-ANDRIEUX et Cie, à Paris. — Dahlias décoratifs Lilliput..... France.

VILMORIN-ANDRIEUX et Cie, à Paris. — Dahlias, zinnias............. France.

Troisièmes prix.

BOUCHER (G.), à Paris. — Rosiers nains en pots. France.

BOUTREUX, à Montreuil-sous-Bois (Seine). — Chrysanthèmes nouveaux, jaunes....... France.

CHAMPENOIS, à Thomery (Seine-et-Marne). — Chrysanthèmes fleurs coupées.......... France.

CHARMET, à Lyon (Rhône). — Dahlias nouveaux. France.

LAUNAY, à Sceaux (Seine). — Pentstémons..... France.

LAVEAU, à Villeneuve-Saint-Georges (Seine-et-Oise). — Chrysanthèmes fleurs coupées. France.

LEMAIRE, à Paris. — Chrysanthèmes en pots.... France.

PIENNES et LARIGALDIE, à Paris. — Chrysanthèmes nouveaux jaunes..... France.

PIENNES et LARIGALDIE, à Paris. — Dahlias grandes fleurs....... France.

SOCIÉTÉ D'HORTICULTURE DE SOISSONS (Aisne). — Petunia double blanc. France.

THIÉBAULT-LEGENDRE, à Paris. — Plantes annuelles vivaces et bulbeuses.. France.

VALLERAND frères, à Bois-Colombes (Seine). — Begonia double « B. David »............. France.

VALLERAND frères, à Bois-Colombes (Seine). — Begonia Vallerandi... France.

Mention.

MILLET et fils, à Bourg-la-Reine (Seine). — Cannas en fleurs coupées.................... France.

CONCOURS DU 24 OCTOBRE 1900.

Hors concours.

LÉVÊQUE et fils, à Ivry (Seine). — OEillets remontants et roses coupées .... France.

MOSER (Jean), à Versailles (Seine-et-Oise). — Conifères .... France.

Premiers prix.

BILLARD (Arthur), au Vésinet (Seine-et-Oise). — Begonias roses ondulés........... France.

BILLARD (Arthur), au Vésinet (Seine-et-Oise). — Begonias cristata. France.

BILLARD (Arthur), au Vésinet (Seine-et-Oise). — Begonias doubles. France.

BILLARD (Arthur), au Vésinet (Seine-et-Oise). — Begonias simples.. France.

BILLARD et BARRÉ, à Fontenay-aux-Roses (Seine). — Cannas florifères.. France.

BOUCHER (G.), à Paris. — Clématites en pots... France.

BOUCHER (G.), à Paris. —Lasiandra macrantha............ France.

BOULANGER, à Sèvres (Seine-et-Oise). — Pensées.......... France.

BRUNEAU (D.), à Bourg-la-Reine (Seine). — Arbustes fleuris en pots. France.

BRUNEAU (D.), à Bourg-la-Reine (Seine). — Arbustes, rameaux coupés. France.

COURBRON, à Billancourt (Seine). — OEillets remontants. France.

DIGUÈRES (R. DES), à Pierrefitte (Seine). — OEillets remontants. France.

FÉRARD, à Paris. — Primevères de Chine. France.

LEMAIRE, à Paris. — Chrysanthèmes «Président Lemaire». France.

NONIN (Auguste), à Châtillon-sous-Bagneux (Seine). — Dahlias cactus en pots. France.

NONIN (Auguste), à Châtillon-sous-Bagneux (Seine). — Dahlias cactus fleurs coupées. France.

PAILLET fils, à Chatenay (Seine). — Dahlias cactus fleurs coupées. France.

PAILLET fils, à Chatenay (Seine). — Dahlias cactus de semis. France.

PIENNES et LARIGALDIE, à Paris. — Cannas florifères. France.

PIENNES et LARIGALDIE, à Paris. — Dahlias, fleurs coupées. France.

PIENNES et LARIGALDIE, à Paris. — Musa Ensete. France.

POIRIER (Auguste), à Versailles (Seine-et-Oise). — Pelargonium zonale. France.

POIRIER (Auguste), à Versailles (Seine-et-Oise). — Pelargonium zonale pour massifs. France.

ROTHBERG, à Gennevilliers (Seine). — Roses coupées. France.

ROTHBERG, à Gennevilliers (Seine). — Roses thé, fleurs coupées. France.

SIMON (Ch.), à Saint-Ouen (Seine). — Agaves. France.

THIÉBAUT (Émile), à Paris. — Plantes vivaces, fleurs coupées. France.

THIÉBAUT-LEGENDRE, à Paris. — Plantes vivaces, fleurs coupées. France.

VALLERAND frères, à Taverny (Seine-et-Oise). — Begonias cristata. France.

VALLERAND frères, à Taverny (Seine-et-Oise). — Begonias papillon ondulé et cristata. France.

VALLERAND frères, à Taverny (Seine-et-Oise). — Begonias tubéreux doubles. France.

VALLERAND frères, à Taverny (Seine-et-Oise). — Begonias simples. France.

VILMORIN-ANDRIEUX et Cie, à Paris. — Dahlias lilliput et simples. France.

VILMORIN-ANDRIEUX et Cie, à Paris. — Dahlias cactus à grandes fleurs et décoratifs. France.

VILMORIN-ANDRIEUX et Cie, à Paris. — Cannas florifères. France.

VILMORIN-ANDRIEUX et Cie, à Paris. — Plantes annuelles et vivaces. France.

VILMORIN-ANDRIEUX et Cie, à Paris. — Décoration d'un massif de plantes pendant douze concours. France.

VILMORIN-ANDRIEUX et Cie, à Paris. — Aster grandiflorus. France.

VILMORIN-ANDRIEUX et Cie, à Paris. — Bananier fétiche nouveau. France.

Deuxièmes prix.

BILLARD (Arthur), au Vésinet (Seine-et-Oise). — Begonias tubéreux doubles de semis. France.

BILLARD (Arthur), au Vésinet (Seine-et-Oise). — Begonias marmorata panaché et autres. France.

BOULANGER, à Sèvres (Seine-et-Oise). — Héliotropes tige, anthémis spécimen. France.

CHARMET, à Lyon (Rhône). — Dahlias cactus et semis. France.

LIGER-LIGNEAU, à Orléans (Loiret). — Begonia «Gloire d'Orléans». France.

MILLET et fils, à Bourg-la-Reine (Seine). — Violettes. France.

NONIN (Auguste), à Châtillon-sous-Bagneux (Seine). — OEillets remontants. France.

PERRET (Lucien), à Brain-sur-l'Authion (Maine-et-Loire). — Pensées à grandes fleurs. France.

POIRIER (Auguste), à Versailles (Seine-et-Oise). — Begonia «Gloire de Lorraine». France.

THIÉBAUT-LEGENDRE, à Paris. — Arbustes fleuris, fleurs coupées. France.

THIÉBAUT-LEGENDRE, à Paris. — Capucines naines. France.

VALTIER (H.), à Paris. — Plantes annuelles et vivaces, fleurs coupées. France.

VILMORIN-ANDRIEUX et Cie, à Paris. — Zinnias. France.

Mentions.

GOUCHAULT, à Orléans (Loiret). — Rosier Crimson remontant. France.

TRONISECK-BAUR, à Eschweiler. — Pelargonium zonale. Allemagne.

CONCOURS DU 31 OCTOBRE 1900.

EXPOSITION SPÉCIALE DE CHRYSANTHÈMES.

Hors concours.

Lévêque et fils, à Ivry-sur-Seine (Seine). — Plantes en pots, fleurs coupées............. France.

Cayeux et Le Clerc, à Paris. — Plantes en pots............. France.

Cordonnier et fils, à Bailleul (Nord). — Plantes en pots, fleurs coupées. France.

Martin-Cahuzac, à Floirac (Gironde). — Fleurs coupées........... France.

Premiers prix.

Bernard (Jules), à Châtillon (Seine). — Plantes en pots........... France.

Bonnefous, à Moissac (Tarn-et-Garonne). — Fleurs coupées, nouveautés........... France.

Bonnefous, à Moissac (Tarn-et-Garonne). — Fleurs coupées, lot d'ensemble........ France.

Boutreux, à Montreuil (Seine). — Plantes en pots............. France.

Boutreux, à Montreuil (Seine). — Plantes sur tige........... France.

Boutreux, à Montreuil (Seine). — Plantes en pots, nouveautés..... France.

Calvat, à Grenoble (Isère). — Fleurs coupées, nouveautés........... France.

Calvat, à Grenoble (Isère). — Fleurs coupées, lot d'ensemble........ France.

Chantrier, à Bayonne (Basses-Pyrénées). — Fleurs coupées, nouveautés........... France.

Charmet, à Lyon (Rhône). — Fleurs coupées... France.

Charvet, à Avranches (Manche). — Fleurs coupées, nouveautés.. France.

Commission impériale du Japon. — Plantes en pots et spécimens.... Japon.

Couillard, à Bayeux (Calvados). — Fleurs coupées............. France.

Courbron, à Billancourt (Seine). — Plantes en pots............. France.

Courbron, à Billancourt (Seine). — Plantes de marché........... France.

Guinet, à Hénin-Liétard (Pas-de-Calais). — Fleurs coupées...... France.

Dolbois, à Angers (Maine-et-Loire). — Fleurs coupées........... France.

Dubois (Gustave), au Mans (Sarthe). — Plantes en pots...... France.

Établissement Saint-Nicolas, à Igny (Seine-et-Oise). — Plantes en pots............. France.

Gérard, à Malakoff (Seine). — Plantes en pots............. France.

Gouleau, à Nantes (Loire-Inférieure). — Plantes en pots........... France.

Laveau, à Crosne (Seine-et-Oise). — Fleurs coupées............. France.

Lateau, à Crosne (Seine-et-Oise). — Fleurs coupées............. France.

Lemaire, à Paris. — Plantes en pots...... France.

Lemaire, à Paris. — Plantes en pots...... France.

Lemaire, à Paris. — Plantes en pots, nouveautés........... France.

Lemaire, à Paris. — Fleurs coupées...... France.

Lemaire, à Paris. — Nouveauté........... France.

Leroux, à Rueil (Seine-et-Oise). — Fleurs coupées............. France.

Lhermitte, à Avon (Sei-

ne-et-Marne). — Fleurs coupées........... France.

Liger-Ligneau, à Orléans (Loiret). — Fleurs coupées, nouveautés.... France.

Magne, à Boulogne-sur-Seine (Seine). — Fleurs coupées........... France.

Mézard, à Paris. — Fleurs coupées...... France.

Molin, à Lyon (Rhône). — Fleurs coupées... France.

Molin, à Lyon (Rhône). — Lot d'ensemble... France.

Molin, à Lyon (Rhône). — Fleurs coupées, nouveautés........ France.

Montigny, à Orléans (Loiret). — Fleurs coupées, nouveautés.... France.

National chrysantemum society, à Londres. — Fleurs coupées, lot d'ensemble... Grande-Bretagne.

Nonin, à Châtillon-sous-Bagneux (Seine). — Plantes en pots...... France.

Nonin, à Châtillon-sous-Bagneux (Seine). — Plantes en pots...... France.

Nonin, à Châtillon-sous-Bagneux (Seine). — Plantes en pots, nouveautés........ France.

Nonin, à Châtillon-sous-Bagneux (Seine). — Plantes en pots, nouveautés........... France.

Oberthur, à Rennes (Ille-et-Vilaine). — Plantes en pots............. France.

Oberthur, à Rennes (Ille-et-Vilaine). — Spécimens en caisse...... France.

PATROLIN, à Bourges (Cher). — Plantes en pots, nouveautés..... France.

PATROLIN, à Bourges (Cher). — Plantes en pots............. France.

PIENNES et LARIGALDIE, à Paris. — Plantes en pots............-.. France.

PIENNES et LARIGALDIE, à Paris. — Plantes en pots, nouveautés..... France.

REYDELLET (A. DE), à Bourg-les-Valence (Drôme). — Fleurs coupées, nouveautés.. France.

ROSETTE, à Caen (Calvados). — Fleurs coupées............. France.

SOCIÉTÉ D'HORTICULTURE ET BOTANIQUE DU HAVRE (Seine-Inférieure). Fleurs coupées...... France.

SOCIÉTÉ D'HORTICULTURE DE VILLEMONBLE (Seine). — Fleurs coupées, lot d'ensemble........ France.

THIÉBAUT (Émile), à Paris. — Fleurs coupées, nouveautés........ France.

THIÉBAUT-LEGENDRE, à Paris. — Fleurs coupées. France.

«UNION HORTICOLE DE NOGENT» (L'), à Nogent-sur-Marne (Seine). — Fleurs coupées, lot d'ensemble........ France.

VALTIER (H.), à Paris. — Fleurs coupées...... France.

VALTIER (H.), à Paris. — Plantes en pots...... France.

VILMORIN-ANDRIEUX et Cie, à Paris. — Plantes en pots............. France.

VILMORIN-ANDRIEUX et Cie, à Paris. — Plantes en pots............. France.

VILMORIN-ANDRIEUX et Cie, à Paris. — Plantes en pots, nouveautés..... France.

VILMORIN-ANDRIEUX et Cie, à Paris. — Plantes en pots, nouveautés..... France.

VILMORIN-ANDRIEUX et Cie, à Paris. — Plantes pour massifs........ France.

VILMORIN-ANDRIEUX et Cie, à Paris. — Plantes en pots, nouveautés inédites............. France.

VILMORIN-ANDRIEUX et Cie, à Paris. — Plantes pour marchés.......... France.

VILMORIN-ANDRIEUX et Cie, à Paris. — Plantes en pots sur tiges....... France.

VILMORIN-ANDRIEUX et Cie, à Paris. — Plantes en pots, boutures de janvier............ France.

VILMORIN-ANDRIEUX et Cie, à Paris. — Plantes en pots, nouveautés..... France.

WELLS and Co, à Earlswood-Surrey. — Fleurs coupées, nouveautés. Grande-Bretagne.

WELLS and Co, à Earlswood-Surrey. — Fleurs coupées, lot d'ensemble. Grande-Bretagne.

Deuxièmes prix.

ASILE DE VILLE-ÉVRARD (Seine-et-Oise). — Plantes en pots...... France.

BISSON, à Vire (Calvados). — Fleurs coupées, nouveautés........... France.

BISSON, à Vire (Calvados). — Plante nouvelle pour marchés.......... France.

BOULANGER, à Sèvres (Seine-et-Oise). — Plantes pour marché. France.

CHAMPENOIS, à Thomery (Seine-et-Marne). — Fleurs coupées...... France.

CHANTRIER, à Bayonne (Basses-Pyrénées). — Fleurs coupées, lot d'ensemble........ France.

COURBRON, à Billancourt (Seine). — Plantes en pots............. France.

DESSARPS, à Bègles (Gironde). — Spécimen en caisse............ France.

DUBOIS (G.), au Mans (Sarthe). — Plantes en pots............. France.

DUBOUSSET, à Paris. — Gerbes............ France.

DUFOIS (Henri), à Versailles (Seine-et-Oise). — Plantes en pots... France.

GOULEAU, à Nantes (Loire-Inférieure). — Plantes en pots, nouveautés.. France.

GOULEAU, à Nantes (Loire-Inférieure). — Plantes en pots sur tiges..... France.

LAUNAY, à Sceaux (Seine). — Plantes en pots... France.

LAVEAU, à Crosnes (Seine-et-Oise). — Plantes en pots............. France.

PICARD-DENEUX, à Albert (Somme). — Fleurs coupées............ France.

PIENNES ET LARIGALDIE, à Paris. — Plantes en pots............. France.

ROCHEREUIL, à Dinan (Côtes-du-Nord). — Plantes en pots...... France.

ROUSSEAU, à Paris. — Bambous garnis...... France.

ROZAIN-BOUCHARLAT, à Cuire-lès-Lyon (Rhône). — Fleurs coupées, nouveautés........ France.

SOCIÉTÉ HORTICOLE, VIGNERONNE ET FORESTIÈRE DE L'AUBE, à Troyes (Aube). — Plantes en pots et fleurs coupées...... France.

Troisièmes prix.

COUSTEILS, à Montauban (Tarn-et-Garonne). — Fleurs coupées, nouveautés........... France.

DELAUX (Jean), à Colomiers (Haute-Garonne). — Fleurs coupées, nouveautés........ France.

JARDIN (Henri), à Verneuil (Eure). — Fleurs coupées. .... France.

Launay, à Sceaux (Seine). — Fleurs coupées.... France.

Raymond, à Aix (Bouches-du-Rhône). — Fleurs coupées, nouveautés.. France.

Reydellet (A. de), à Bourg-lès-Valence (Drôme). — Fleurs coupées, nouveautés.. France.

Weiss, à Châtillon (Seine). — Fleurs coupées. France.

Mention.

Bernard (Pierre), à Châtillon (Seine). — Gerbes...................................... France.

CLASSE 47.

Plantes de serre.

LISTE DU JURY.

Doin (Octave), *président* .... France.
Lackner (Carl), *vice-président* ...... Allemagne.
Devansaye (Alphonse de la), *rapporteur* .... France.
Bergman (Ernest), *secrétaire* .... France.
Bleu (Alfred) .... France.

Chantin (Auguste) .... France.
Delavier (Eugène) .... France.
Martin (Georges) .... France.
Martin-Cahuzac (Raymond) .... France.
Truffaut (Albert) .... France.

EXPERTS.

Balu (A.) .... France.
Balu (N.) .... France.
Bois (D.) .... France.
Dallemagne (A.) .... France.
Delahaye (Louis) .... France.
Combet (Anthelme) .... France.

Hariot (Paul) .... France.
Houllet (Émile) .... France.
Kolb (Max) .... Allemagne.
Leroy (Isidore) .... France.
Patry (Louis) .... France.

Hors concours.

André (Ed.), à Paris .... France.
Bleu (A.), à Paris .... France.
Chantin (Auguste), à Paris .... France.
Comité spécial pour l'exposition de l'horticulture, à Vienne .... Autriche.

Delavier (Eugène), à Paris .... France.
Doin (O.), à Dourdan (Seine-et-Oise) .. France.
Moser (J.), à Versailles (Seine-et-Oise) . France.
Seydehelm (Ernest), à Budapest ..... Hongrie.
Truffaut (A.), à Versailles (Seine-et-Oise). France.

Grands prix.

Chantrier frères, à Mortefontaine (Oise). France.
Dallé (Louis), à Paris .... France.
Draps-Dom (L.-J.), à Laeken-lès-Bruxelles. Belgique.
Duval et fils, à Versailles (Seine-et-Oise). France.
Maron (Charles), à Brunoy (Seine-et-Oise) .... France.
Ministère de Fomento .... Mexique.

Société des bains de mer et cercle des étrangers, à Monte-Carlo .... Monaco.
Simon (Charles), à Saint-Ouen (Seine) . France.
Vallerand frères, à Taverny (Seine-et-Oise) .... France.
Vilmorin-Andrieux et Cie, à Paris ...... France.

Médailles d'or.

Balme (J.), à Bois-Colombes (Seine) ...... France.
Béranek (Charles), à Paris .... France.
Bert, à Bois-Colombes (Seine) .... France.
Besson frères, à Nice (Alpes-Maritimes) .... France.
Cappe et fils, au Vésinet (Seine-et-Oise) ...... France.

Chantin (Les enfants d'Antoine), à Paris ...... France.
Dallemagne et Cie, à Rambouillet (Seine-et-Oise) .... France.
Godefroy-Leboeuf, à Paris. France.
« Horticole coloniale » (L'), à Bruxelles ..... Belgique.
Lebaudy (Robert), à Bougival (Seine-et-Oise) . . France.
Magne (Georges), à Boulogne-sur-Seine (Seine) .... France.

Ministère des colonies, Jardin colonial, à Nogent-sur-Marne (Seine). France.
Régnier (Alex.), à Fontenay-sous-Bois (Seine). France.
Seidel (Heinrich), à Laubegast, près Dresde . . Allemagne.
Tassin frères, à Nice (Alpes-Maritimes) .... France.

Médailles d'argent.

Binot (P.-M.), à Bruxelles. Belgique.

Caillaud, à Mandres (Seine-et-Oise)...... France.

École de Fleury-Meudon, à Meudon (Seine-et-Oise).............. France.

Férard, à Paris........ France.

Gentilhomme (Jean), à Vincennes (Seine).... France.

Lange (A.), à Paris..... France.

Lesueur (Georges), à Saint-Cloud (Seine). France.

Sander (F.), à Saint-Albans........ Grande-Bretagne.

Van den Heede et fils, à Lille (Nord)........ France.

Médailles de bronze.

Billiard et Barré, à Fontenay-aux-Roses (Seine)........... France.

Constantin fils, à Lons-le-Saunier (Jura)...... France.

Couston (Mᵐᵉ Vᵛᵉ Claire), à Marseille (Bouches-du-Rhône)........ France.

Deriille, à Versailles (Seine-et-Oise)...... France.

Ditzel (Émile), à Francfort-sur-le-Mein..... Allemagne.

Helbig (H.-F.), à Laubegast, près Dresde.. Allemagne.

Henckel (Heinrich), à Darmstadt......... Allemagne.

Lancé (E.), au Golfe-Juan (Var)......... France.

Lichtenberger (Benjamin), à Alsenz........... Allemagne.

Mac Dowell......... Mexique.

Maurer (Karl), à Gohlis. Allemagne.

Olberg (Otto), à Dresde-Striesen........... Allemagne.

Parage, à Marly (Seine-et-Oise)........... France.

Pidoux, à Paris........ France.

Piret, à Argenteuil (Seine-et-Oise)........... France.

Quéneau-Poirier (Alfred), à Saint-Cyr-sur-Loire (Indre-et-Loire)...... France.

Renner (Otto), à Leisnig. Allemagne

« Union horticole de Nogent-sur-Marne » (L') (Seine)........... France.

Mentions honorables.

Cordonnier (Anatole) et fils, à Bailleul (Nord). France.

Dupuis, à Paris........ France.

État de Durango...... Mexique.

État de Oaxaca....... Mexique.

Garden, à Colombes (Seine)........... France.

Hacha (Eugenio), à Xurapan............ Mexique.

Micheli (Marc), à Genève. Suisse.

Neubronner, à Ulm.... Allemagne.

Olivier, à Paris........ France.

Puteaux, à Versailles (Seine-et-Oise)...... France.

Refuge du Plessis-Piquet (Seine)........... France.

Société régionale d'horticulture de Vincennes (Seine)........... France.

Tremblay du May (Du), à Courbevoie (Seine)... France.

Vacherot (Amédée), à Orsay (Seine-et-Oise)... France.

Weissbach, à Laubegast, près Dresde........ Allemagne.

COLLABORATEURS.

Médailles d'or.

Brendlin (Antoine), maison Vilmorin-Andrieux et Cⁱᵉ............. France.

Brixdeau (Jules), maison Dallé (Louis)....... France.

Goyet (Claude), maison Truffaut (A.)....... France.

Lefebvre (Félix), maison Delavier (Eugène)............. France.

Van den Daele (Jules), Société des bains de mer et cercle des étrangers............. Monaco

Médailles d'argent.

Bertin (Lucien), maison Dallé (Louis),....... France.

Charpentier (Gervais), maison Simon (Charles).............. France.

Ducret (Alfred), maison Duval et fils........ France.

Dupuis (Eugène), maison Delavier (Eugène).... France.

Schlegel (Joseph), maison Truffaut (A.).... France.

Voilliot (Joseph), maison Vilmorin-Andrieux et Cⁱᵉ............. France.

Médailles de bronze.

Aubagne (J.-C.), École de Fleury-Meudon.. France.

Delobre (Mathieu), maison Vilmorin-Andrieux et Cⁱᵉ...................................... France.

CONCOURS TEMPORAIRES.

CONCOURS DU 18 AVRIL 1900.

Premiers prix.

Béranek, à Paris. — Orchidées........... France.
Dallé (Louis), à Paris. — Azalées........ France.
Dallé (Louis), à Paris. — Plantes à feuillage. France.
Dallé (Louis), à Paris. — Plantes fleuries... France.
Duval et fils, à Versailles (Seine-et-Oise). — Broméliacées de semis............. France.
Maron (Ch.), à Brunoy (Seine-et-Oise). — Orchidées de semis... France.
Maron (Ch.), à Brunoy (Seine-et-Oise). — Orchidées de semis... France.
Régnier, à Fontenay-sous-Bois (Seine). — Orchidées........... France.
Simon (Ch.), à Saint-Ouen (Seine). — Plantes grasses......... France.
Vilmorin-Andrieux et Cie, à Paris. — Cinéraires. France.

Deuxièmes prix.

Cappe et fils, au Vésinet (Seine-et-Oise). — Orchidées......... France.
Duval et fils, à Versailles (Seine-et-Oise). — Anthurium...... France.
Férard, à Paris. — Cinéraires............ France.

Troisièmes prix.

Duval et fils, à Versailles (Seine-et-Oise). — Dracæna Sanderiana............................ France.
Magne, à Boulogne-sur-Seine (Seine). — Plantes fleuries.................................... France.

CONCOURS DU 9 MAI 1900.

Hors concours.

André (Ed.), à Paris. — Orchidées.. France.
Doin (O.), à Dourdan (Seine-et-Oise). — Orchidées................................. France.
Seyderhelm (Ernest), à Budapest. — Azalées..Hongrie.

Premiers prix.

Cappe et fils, au Vésinet (Seine-et-Oise). — Orchidées inédites.... France.
Dallé (Louis), à Paris. — Plantes à feuillage. France.
Dallé (Louis), à Paris. — Plantes fleuries.... France.
Debille, à Versailles (Seine-et-Oise). — Azalée nouvelle «Mme Moreux» France.
Duval et fils, à Versailles (Seine-et-Oise). — Anthurium à fleur rouge............ France.
Duval et fils, à Versailles (Seine-et-Oise). — Anthurium unicolore.............. France.
Duval et fils, à Versailles (Seine-et-Oise). Broméliacées........ France.
Duval et fils, à Versailles (Seine-et-Oise). — Vriesia «Colonel-Marchand»........ France.
Maron (Ch.), à Brunoy (Seine-et-Oise). — Orchidées........... France.
Maron (Ch.), à Brunoy (Seine-et-Oise). — Orchidées............ France.
Maron (Ch.), à Brunoy (Seine-et-Oise). — Orchidées........... France.
Seidel (Heinrich), à Laubegast, près Dresde. — Azalées de l'Inde en collection.......... Allemagne.
Simon (Ch.), à Saint-Ouen (Seine). — Phyllocactus fleuris............ France.
Simon (Ch.), à Saint-Ouen (Seine). — Plantes grasses........... France.
Vallerand frères, à Taverny (Seine-et-Oise). — Gesnériacées variées............. France.
Vilmorin-Andrieux et Cie, à Paris. — Calcéolaires. France.
Vilmorin-Andrieux et Cie, à Paris. — Cinéraires simples et doubles... France.

Deuxièmes prix.

Béranek, à Paris. — Orchidées. . . . . France.

Cappe et fils, au Vésinet (Seine-et-Oise). — Anthurium à fleurs ponctuées. . . . . France.

Cappe et fils, au Vésinet (Seine-et-Oise). — Orchidées. . . . . France.

Duval et fils, à Versailles (Seine-et-Oise). — Anthurium variés. . France.

Helbig (H.-F.), à Laubegast, près Dresde. Azalées en collection. . Allemagne.

Lange, à Paris. — Plantes à feuillage. . . . . . . France.

Lange, à Paris. — Plantes fleuries. . . . . France.

Manon (Ch.), à Brunoy (Seine-et-Oise). — Orchidées de semis. . . . France.

Olberg (Otto), à Striessen, près Dresde. — Azalées « Deutsche-Perle ». . . . . Allemagne.

Régnier, à Fontenay-sous-Bois (Seine). — Orchidées. . . . . France.

Simon (Ch.), à Saint-Ouen (Seine). — Aloès fleuris. . . . . France.

Simon (Ch.), à Saint-Ouen (Seine). — Epiphyllum fleuris. . . . . . France.

Simon (Ch.), à Saint-Ouen (Seine). — Plantes grasses. . . . . France.

Troisièmes prix.

Duval et fils, à Versailles (Seine-et-Oise). — Hydrangeas . . . . France.

Weissbach (Robert), à Laubegast, près Dresde. — Azalées en collection. . . . . Allemagne.

Mentions.

Micheli (Marc), à Genève. — Lycaste micheliana. . . . . Suisse.

CONCOURS DU 23 MAI 1900.

Hors concours.

Comité spécial pour l'exposition de l'horticulture, à Vienne. — Palmiers, cycadées, orchidées, fougères. Autriche.

Premiers prix.

Béranek (Charles), à Paris. — Orchidées variées. . . . . France.

Cappe et fils, au Vésinet (Seine-et-Oise). — Orchidée hybride inédite. . . . . France.

Chantin (Les enfants d'Antoine), à Paris. — Plantes fleuries. . . . . . France.

Dallemagne et Cie, à Rambouillet (Seine-et-Oise). — Orchidées. . . France.

Duval et fils, à Versailles (Seine-et-Oise). — Anthurium hybrides. . . . . France.

Duval et fils, à Versailles (Seine-et-Oise). — Broméliacées. . . . . France.

Gentilhomme, à Vincennes (Seine). — Éricacées fleuries. . . . . France.

Lange, à Paris. — Épacris en fleurs. . . . . . . France.

Lebaudy (Robert), à Bougival (Seine-et-Oise). Caladium . . . . France.

Lesueur (Georges), à Saint-Cloud (Seine-et-Oise). — Orchidées. . . . . France.

Magne (G.), à Boulogne-sur-Seine (Seine). — Orchidées. . . . . France.

Manon (Charles), à Brunoy (Seine-et-Oise). — Orchidée . . . . France.

Manon (Charles), à Brunoy (Seine-et-Oise). — Orchidée hybride. . . . France.

Manon (Charles), à Brunoy (Seine-et-Oise). — Orchidées hybrides. . . France.

Simon (Charles), à Saint-Ouen (Seine). — Phyllocactus . . . . France.

Simon (Charles), à Saint-Ouen (Seine). — Phyllocactus fleuris. . . . . . France.

Société des bains de mer et cercle des étrangers, à Monte-Carlo. — Plantes de serre chaude. . . . . Monaco.

Société des bains de mer et cercle des étrangers, à Monte-Carlo. — Palmiers du Midi. Monaco.

Vallerand frères, à Taverny (Seine-et-Oise). — Gloxinias. . . . . France.

Vallerand frères, à Taverny (Seine-et-Oise). — Gloxinias. . . . . France.

Vilmorin-Andrieux et Cie, à Paris. — Calcéolaires, herbacés variés. . . . . . . France.

Deuxièmes prix.

Béranek, à Paris. — Cattleyas............. France.

Béranek, à Paris. — Orchidée........... France.

Béranek, à Paris. — Orchidées hybrides..... France.

Bert, à Bois-Colombes (Seine). — Cymbidium........... France.

Bert, à Bois-Colombes (Seine). — Orchidées variées........... France.

Cappe et fils, au Vésinet (Seine-et-Oise). — Orchidées........... France.

Chantin (Les enfants d'Antoine), à Paris.— Broméliacées........'. France.

Dallé (Louis), à Paris. — Plantes à feuillage. France.

Dallé (Louis), à Paris. — Plantes à feuillage. France.

Duval et fils, à Versailles (Seine-et-Oise). — Anthurium à fleurs ponctuées........... France.

Duval et fils, à Versailles (Seine-et-Oise). — Anthurium variés.. France.

Duval et fils, à Versailles (Seine-et-Oise). — Cattleyas........ France.

Duval et fils, à Versailles (Seine-et-Oise). — Broméliacées..... France.

Lebaudy (Robert), à Bougival (Seine-et-Oise). — Orchidées....... France.

Maron (Charles), à Brunoy (Seine-et-Oise). — Orchidée hybride.... France.

Pinet (E.), à Argenteuil (Seine-et-Oise). — Cattleyas Mossiæ alba. France.

Régnier, à Fontenay-sous-Bois (Seine). — Orchidée........... France.

Simon (Charles), à Saint-Ouen (Seine). — Plantes grasses........ France.

Simon (Charles), à Saint-Ouen (Seine). — Cactées fleuries........ France.

Simon (Charles), à Saint-Ouen (Seine). — Phyllocactus fleuris...... France.

Simon (Charles), à Saint-Ouen (Seine). — Plantes fleuries........ France.

Vallerand frères, à Taverny (Seine-et-Oise). — Tydæas, Nægelias. France.

Troisièmes prix.

Béranek, à Paris. — Odontoglossum...... France.

Duval et fils, à Versailles (Seine-et-Oise). — Orchidées....... France.

Duval et fils, à Versailles (Seine-et-Oise).

— Anthurium à fleur rouge............. France.

Gentilhomme, à Vincennes (Seine). — Plantes fleuries........ France.

Lange (A.), à Paris. — Épacris en fleurs .... France.

Refuge du Plessis-Piquet (Seine). — Plantes fleuries........... France.

Régnier (A.), à Fontenay-sous-Bois (Seine). — Orchidée........... France.

Mentions.

Cordonnier (Anatole), à Bailleul (Nord). — Palmiers en petits exemplaires........... France.

Refuge du Plessis-Piquet (Seine). — Broméliacées............. France.

Tremblay du May (du), à

Courbevoie (Seine). — Orchidées........... France.

CONCOURS DU 13 JUIN 1900.

Hors concours.

Chantin (Auguste), à Paris. — Begonias rex... France.

Chantin (Auguste), à Paris. — Orchidées... France.

Premiers prix.

Béranek, à Paris. — Orchidées............. France.

Béranek, à Paris. — Orchidées............. France.

Bert (Étienne), à Bois-Colombes (Seine). — Orchidées.......... France.

Duval et fils, à Versailles (Seine-et-Oise). — Dracænas....... France.

Duval et fils, à Versailles (Seine-et-Oise). — Fougères........ France.

Duval et fils, à Versailles (Seine-et-Oise). — Orchidées.......... France.

Lebaudy (Robert), à Bougival (Seine-et-Oise). — Orchidées....... France.

Maron (Charles), à Brunoy (Seine-et-Oise). — Cattleyas hybrides. France.

Maron (Charles), à Brunoy (Seine-et-Oise). — Lælio Cattleya...... France.

Maron (Charles), à Brunoy (Seine-et-Oise). — Lælio Cattleya ...... France.

Quénéau-Poirier, à Saint-Cyr-sur-Loire (Indre-et-Loire). — Éricas.. France.

Régnier, à Fontenay-sous-Bois (Seine). — Aérides............... France.

Simon (Charles), à Saint-Ouen (Seine). — Phyllocactus........... France.

Vallerand frères, à Taverny (Seine-et-Oise). — Achimènes....... France.

Vallerand frères, à Taverny (Seine-et-Oise). — Gloxinias........ France.

Deuxièmes prix.

Cappe et fils, au Vésinet (Seine-et-Oise). — Cattleyas......... France.

Cappe et fils, au Vésinet (Seine-et-Oise).

— Cypripedium..... France.

Maron (Charles), à Brunoy (Seine-et-Oise). — Cattleyas.......... France.

Régnier, à Fontenay-sous-

Bois (Seine). — Plantes fleuries......... France

Vallerand frères, à Taverny (Seine-et-Oise). — Scuttellarias...... France.

Troisièmes prix.

Cappe et fils, au Vésinet (Seine-et-Oise). — Odontoglossum...... France.

Lange, à Paris. — Begonias Rex.......... France.

Régnier, à Fontenay-sous-

Bois (Seine). — Phalænopsis............ France.

Mentions.

Garden, à Colombes (Seine). — Orchidées... France.

Lange, à Paris. — Plantes fleuries... France.

CONCOURS DU 27 JUIN 1900.

Premiers prix.

Balme, à Bois-Colombes (Seine). — Plantes grasses............... France.

Cappe et fils, au Vésinet (Seine-et-Oise). — Orchidées............. France.

Dallé (Louis), à Paris. — Kentias......... France.

Dallé (Louis), à Paris. — Plantes à feuillage. France.

Dallé (Louis), à Paris. Plantes fleuries...... France.

Lebaudy (Robert), à Bougival (Seine-et-Oise). — Anthurium...... France.

Lebaudy (Robert), à Bougival (Seine-et-Oise). — Anthurium nouveau. France.

Magne (G.), à Boulogne-sur-Seine (Seine). — Vanda tricolore..... France.

Maron (Charles), à Brunoy (Seine-et-Oise). — Cattleyas variés...... France.

Maron (Charles), à Brunoy (Seine-et-Oise). — Cattleyas hybrides... France.

Maron (Charles), à Brunoy (Seine-et-Oise). — Lælio Cattléya...... France.

Maron (Charles), à Brunoy (Seine-et-Oise). — Cattleyas hybrides.... France.

Maron (Charles), à Brunoy (Seine-et-Oise). — Cattleya hybride..... France.

Simon (Charles), à Saint-Ouen (Seine). — Cactées fleuries........ France.

Vallerand frères, à Taverny (Seine-et-Oise) et Colombes (Seine). — Achimènes....... France.

Deuxièmes prix.

Bert, à Colombes (Seine). — Orchidées....... France.

Lebaudy (Robert), à Bou-

gival (Seine-et-Oise). — Orchidées....... France.

Régnier, à Fontenay-sous-

Bois (Seine). — Vanda.............. France.

Troisièmes prix.

Béranek, à Paris. — Orchidées........... France.

Lebaudy (Robert), à Bougival (Seine-et-Oise).

— Gloxinias....... France.

Magne (G.), à Boulogne-sur-Seine (Seine). — Orchidées........ France.

Régnier, à Fontenay-sous-Bois (Seine). — Orchidées fleuries........ France.

Mention.

Simon (Charles), à Saint-Ouen (Seine). — Bonapartea, Dasylirion................................... France.

CONCOURS DU 18 JUILLET 1900.

Premiers prix.

Balme, à Bois-Colombes (Seine). — Cactées... France.

Bert, à Bois-Colombes (Seine). — Orchidées............. France.

Dallé (Louis), à Paris. — Palmiers........ France.

Dallé (Louis), à Paris. — Plantes nouvelles..... France.

Dallemagne et Cⁱᵉ, à Rambouillet (Seine-et-Oise). — Orchidées....... France.

Duval et fils, à Versailles (Seine-et-Oise). — Broméliacées........ France.

Duval et fils, à Versailles (Seine-et-Oise). — Semis.............. France.

Maron (Charles), à Brunoy (Seine-et-Oise).— Orchidées hybrides... France.

Maron (Charles), à Brunoy (Seine-et-Oise).— Orchidées de semis... France.

Maron (Charles), à Brunoy (Seine-et-Oise).— Orchidées.......... France.

Régnier, à Fontenay-sous-Bois (Seine). — Orchidées............ France.

Simon (Charles), à Saint-Ouen (Seine). — Cactées nouvelles....... France.

Simon (Charles), à Saint-Ouen (Seine). — Euphorbiacées......... France.

Vallerand frères, à Taverny (Seine-et-Oise). — Gesnériacées..... France.

Deuxièmes prix.

Béranek, à Paris. — Cattleya............. France.

Béranek, à Paris. — Orchidées........... France.

Dallé (Louis), à Paris. — Caladium....... France.

Dallé (Louis), à Paris. — Orchidée....... France.

Dallé (Louis), à Paris. — Plantes hybrides.. France.

Duval et fils, à Versailles (Seine-et-Oise). — Orchidées.......... France.

Duval et fils, à Versailles (Seine-et-Oise). — Odontoglossum...... France.

Olivier (François), à Paris. — Phyllocactus... France.

Troisième prix.

Maron (Charles), à Brunoy (Seine-et-Oise). — Orchidée.................................... France.

CONCOURS DU 8 AOÛT 1900.

Premiers prix.

Balme, à Bois-Colombes (Seine). — Cactées... France.

Cappe et fils, au Vésinet (Seine-et-Oise). — Crotons........... France.

Cappe et fils, au Vésinet (Seine-et-Oise). — Cypripedium de semis.............. France.

Dallé (Louis), à Paris. — Crotons......... France.

Duval et fils, à Versailles (Seine-et-Oise). — Asparagus Sprengeri France.

Maron (Charles), à Brunoy (Seine-et-Oise).— Cattleya.......... France.

Maron (Charles), à Brunoy (Seine-et-Oise).— Cattleyas hybrides.... France.

Simon (Charles), à Saint-Ouen (Seine). — Echeverias............ France.

Vallerand frères, à Taverny (Seine-et-Oise). — Gloxinias........ France.

Deuxièmes prix.

Béranek, à Paris. — Orchidées........... France.

Bert, à Bois-Colombes (Seine). — Orchidées. France.

Dallé (Louis), à Paris. — Crotons........ France.

Duplis, à Paris. — Cereus flagelliformis........ France.

Maron (Charles), à Brunoy (Seine-et-Oise).— Cattleyas.......... France.

Micheli (Marc), à Genève. — Begonia nouveau du Mexique.... Suisse.

Régnier, à Fontenay-sous-Bois (Seine). — Orchidées........... France.

Troisièmes prix.

Dallé (Louis), à Paris. — Crotons.. France.

Régnier, à Fontenay-sous-Bois (Seine). — Medinilla........................ France.

Mention.

Micheli (Marc), à Genève.— Phillodendron.. Suisse.

CONCOURS DU 22 AOÛT 1900.

Premiers prix.

CHANTIN (Les enfants d'Antoine), à Paris. — Aroïdées............. France.

CHANTIN (Les enfants d'Antoine), à Paris. - - Cycadées............ France.

ÉCOLE DE FLEURY-MEUDON, à Meudon (Seine-et-Oise). — Anthurium. France.

ÉCOLE DE FLEURY-MEUDON, à Meudon (Seine-et-Oise). — Plantes diverses............... France.

MARON (Charles), à Brunoy (Seine-et-Oise). — Orchidées......... France.

MARON (Charles), à Brunoy (Seine-et-Oise). — Orchidées......... France.

PARAGE, à Marly (Seine-et-Oise). — Caladium............ France.

RÉGNIER, à Fontenay-sous-Bois. — Orchidées... France.

SIMON (Ch.), à Saint-Ouen (Seine). — Cactées... France.

VALLERAND frères, à Taverny (Seine-et-Oise). — Nœgelias hybrides fleuris............. France.

Deuxièmes prix.

BALME, à Bois-Colombes (Seine). — Cactées.. France.

BERT, à Bois-Colombes (Seine). — Orchidées............. France.

CAPPE et fils, au Vésinet (Seine-et-Oise). — Cattleyas.......... France.

CAPPE et fils, au Vésinet (Seine-et-Oise). — Orchidées......... France.

MARON (Charles), à Brunoy (Seine-et-Oise). -- Orchidées........ France.

PARAGE, à Marly (Seine-et-Oise). — Caladium de semis.......... France.

Troisième prix.

MAGNE (G.), à Boulogne-sur-Seine (Seine). - - Orchidées.............................. France.

CONCOURS DU 12 SEPTEMBRE 1900.

Premiers prix.

BALME, à Bois-Colombes (Seine). - Cactées.. France.

BÉRANEK, à Paris. — Orchidées........... France.

BÉRANEK, à Paris.— Orchidées............. France.

BINOT, à Bruxelles. — Miltonias............ Belgique.

CAPPE et fils, au Vésinet (Seine-et-Oise). — Crotons............ France.

CAPPE et fils, au Vésinet (Seine-et-Oise). — Plantes de serre à feuillage panaché....... France.

CHANTIN (Les enfants d'Antoine), à Paris. — Marantacées.......... France.

CHANTIN (Les enfants d'Antoine), à Paris. — Plante vanille et ficus panaché.......... France.

DALLÉ (Louis), à Paris. — Plantes à feuillage. France.

DALLÉ (Louis), à Paris. -— Plantes fleuries.... France.

DALLEMAGNE et Cie, à Rambouillet (Seine-et-Oise). -— Orchidées....... France.

DRAPS-DOM, à Lacken. -— Aroïdées.......... Belgique.

DRAPS-DOM, à Lacken. - - Aroïdées.......... Belgique.

DRAPS-DOM, à Lacken. — Crotons.......... Belgique.

DRAPS-DOM, à Lacken. — Dracænas......... Belgique.

DRAPS-DOM, à Lacken. — Dracænas......... Belgique.

DRAPS-DOM, à Lacken. --- Dracænas......... Belgique.

DRAPS-DOM, à Lacken. — Dracænas......... Belgique.

DRAPS-DOM, à Lacken. — Fougères herbacées... Belgique.

DRAPS-DOM, à Lacken. — Marantacées....... Belgique.

DRAPS-DOM, à Lacken. -— Marantacées....... Belgique.

DRAPS-DOM, à Lacken. — Nepenthes......... Belgique.

DRAPS-DOM, à Lacken. - - Plantes nouvelles.... Belgique.

DUVAL et fils, à Versailles (Seine-et-Oise). — Plantes nouvelles.... France.

GENTILHOMME, à Vincennes (Seine). — Ericacées fleuries.......... France.

MARON (Charles), à Brunoy (Seine-et-Oise). — Orchidées de semis... France.

MARON (Charles), à Brunoy (Seine-et-Oise). — Orchidées hybrides... France.

RÉGNIER, à Fontenay-sous-Bois (Seine). — Plantes fleuries........ France.

SANDER and Co, à Saint-Albans. — Pandanus Sanderii....... Grande-Bretagne.

SIMON (Ch.), à Saint-Ouen (Seine). — Cactées.. France.

SOCIÉTÉ DES BAINS DE MER DE MONACO ET CERCLE DES ÉTRANGERS, à Monte-Carlo. -— Crotons... Monaco.

SOCIÉTÉ DES BAINS DE MER DE MONACO ET CERCLE DES ÉTRANGERS, à Monte-Carlo. — Crotons... Monaco.

SOCIÉTÉ DES BAINS DE MER DE MONACO ET CERCLE DES ÉTRANGERS, à Monte-Carlo. — Platycerium. Monaco.

VALLERAND frères, à Taverny (Seine-et-Oise). — Gloxinias........ France.

VALLERAND frères, à Taverny (Seine-et-Oise). — Gloxinias........ France.

VAN DEN HEEDE et fils, à Lille (Nord). -— Plantes nouvelles....... France.

Deuxièmes prix.

Béranek, à Paris. — Orchidées. . . . . France.

Bert, à Bois-Colombes (Seine). — Orchidées. France.

Cappe et fils, au Vésinet (Seine-et-Oise). — Jeunes crotons pour garnitures. . . . . France.

Chantin (Les enfants d'Antoine). — Marantacées. . . . . France.

Draps-Dom, à Lacken. — Aspidistras panachés... Belgique.

Draps-Dom, à Lacken. — Dracæna belle culture. . . . . Belgique.

Draps-Dom, à Lacken. — Pandanées . . . . Belgique.

Draps-Dom, à Lacken. — Plantes nouvelles. . . . . Belgique.

Draps-Dom, à Lacken. — Plantes belle culture. . Belgique.

Draps-Dom, à Lacken. — Plantes fleuries. . . . . . Belgique.

Draps-Dom, à Lacken. — Plantes pour marchés. Belgique.

Henkel, à Darmstadt. — Plantes grasses. . . . . Allemagne

Lange, à Paris. — Orchidées . . . . France.

Lange, à Paris. — Palmiers. . . . . France.

Lange, à Paris. — Plantes à feuillage . . . . France.

Lichtenberger, à Alsenz. — Plantes grasses... Allemagne.

Maron (Charles), à Brunoy (Seine-et-Oise). — Orchidées hybrides. France.

Maurer, à Gohlis. — Scolopendrium fragrans.. Allemagne.

Renner (Otto), à Leinig. — Ardisia crenulata. Allemagne

Simon (Ch.), à Saint-Ouen (Seine). — Aloès. France.

Simon (Ch.), à Saint-Ouen (Seine). — Opuntias. . . . . France.

Van den Heede et fils, à Lille (Nord). — Fougères arborescentes et herbacées. . . . . France.

Troisièmes prix.

Draps-Dom, à Lacken. — Dracænas hybrides... Belgique.

Draps-Dom, à Lacken. — Impatiens sultani. . . . Belgique.

Draps-Dom, à Lacken. — Pandanées . . . . Belgique.

Draps-Dom, à Lacken. — Plantes nouvelles. Belgique.

Draps-Dom, à Lacken. — Plantes variées. . . . . . Belgique.

Lange, à Paris. — Plantes fleuries. . . . . France.

Neubronner, à Ulm. — Begonias Rex. . . . . . . Allemagne.

Simon (Ch.), à Saint-Ouen (Seine). — Echeveria metallica. . . . . . France.

Société régionale d'horticulture de Vincennes (Seine). — Caladium. France.

Mention.

Draps-Dom, à Lacken. — Crotons. . . . . Belgique.

CONCOURS DU 26 SEPTEMBRE 1900.

Hors concours.

Bleu, à Paris. — Bertolonias, orchidées, caladium. . . . . France.

Premiers prix.

Balme, à Colombes (Seine). — Plantes grasses. . . . France.

Béranek, à Paris. — Orchidées. . . . . France.

Bert, à Colombes (Seine). — Orchidées. . . . . France.

Ecole de Fleury-Meudon, à Meudon (Seine-et-Oise). — Crotons. . . . . . France.

« Horticole coloniale » (L'), à Bruxelles. — Plantes nouvelles . . . . Belgique.

« Horticole coloniale » (L'), à Bruxelles. — Plantes d'introduction récente. Belgique.

Magne (G.), à Boulogne-sur-Seine (Seine). — Plantes de serre variées. France.

Maron (Charles), à Brunoy (Seine-et-Oise). — Orchidées, belle culture. . . . . France.

Maron (Charles), à Brunoy (Seine-et-Oise). — Orchidées hybrides. . . France.

Maron (Charles), à Brunoy (Seine-et-Oise). — Orchidées de semis... France.

Ministère des Colonies, Jardin colonial, à Nogent-sur-Marne (Seine). — Musas variés. . . . . France.

Pinoux, à Paris. — Plantes de serre variées... France.

Régnier, à Fontenay-sous-Bois (Seine). — Plantes fleuries. . . . . . France.

Simon (Charles), à Saint-Ouen (Seine). — Cactées variées. . . . . France.

Simon (Charles), à Saint-Ouen (Seine). — Plantes grasses pour marchés. . . . . France.

Vallerand frères, à Taverny (Seine-et-Oise). — Nægélias, Tydœas. France.

Deuxièmes prix.

Couston (Mme Vve Claire), à Marseille (Bouches-du-Rhône). — Orchidées variées........ France.

Duval (L.) et fils, à Versailles (Seine-et-

Oise). — Dracænas... France.

École de Fleury-Meudon, à Meudon (Seine-et-Oise). — Crotons pour garnitures......... France.

Vachenot, à Orsay (Seine-

et-Oise). — Fougères............. France.

Vallerand frères, à Taverny (Seine-et-Oise). — Streptocarpus, Gloxinias............. France.

Troisième prix.

Duval (L.) et fils, à Versailles. — Cissus discolor.. France.

CONCOURS DU 10 OCTOBRE 1900.

Premiers prix.

Bert, à Bois-Colombes (Seine). — Cattleyas. France.

Bert, à Bois-Colombes (Seine). — Orchidées. France.

Caillaud, à Mandres (Seine-et-Oise). — Cyclamens............. France.

Caillaud, à Mandres (Seine-et-Oise). — Cyclamen nouveau à fleurs doubles............ France.

Dallemagne et Cie, à Rambouillet (Seine-et-Oise). — Orchidées.. France.

Dallé (Louis), à Paris. — Plantes à feuillage.... France.

Duval et fils, à Versailles

(Seine-et-Oise). — Orchidées............ France.

Duval et fils, à Versailles (Seine-et-Oise). — Broméliacées hybrides ... France.

Langé, au Golfe-Juan (Var). — Plantes à feuillage. France.

Lange, à Paris. — Plantes à feuillage .... France.

Maron (Charles), à Brunoy (Seine-et-Oise). — Cattleya........... France.

Maron (Charles), à Brunoy (Seine-et-Oise). — Orchidées hybrides... France.

Maron (Charles), à Bru-

noy (Seine-et-Oise). — Orchidées de semis... France.

Régnier, à Fontenay-sous-Bois (Seine). — Orchidées............. France.

Simon (Ch.), à Saint-Ouen (Seine). — Aloès.... France.

Simon (Ch.), à Saint-Ouen (Seine). — Cactées... France.

Simon (Ch.), à Saint-Ouen (Seine). — Euphorbias cactiformes......... France.

Simon (Ch.), à Saint-Ouen (Seine). — Bonapartea. France.

Vallerand frères, à Taverny (Seine-et-Oise). — Cyclamens....... France.

Deuxièmes prix.

Balme, à Bois-Colombes (Seine). — Orchidées.............. France.

Béranek, à Paris. — Orchidées........... France.

Béranek, à Paris. — Plantes d'introduction.... France.

Caillaud, à Mandres (Seine-et-Oise). — Cyclamens nouveaux à fleurs simples.......... France.

Dallé (Louis), à Paris. — Palmiers........ France.

Dallé (Louis), à Paris. — Kentia .... France.

Ditzel, à Francfort. — Cyclamens .... Allemagne.

Magne (G.), à Boulogne-sur-Seine (Seine). — Orchidées......... France.

Maron (Charles), à Brunoy (Seine-et-Oise). —

Orchidées hybrides... France

Maron (Charles), à Brunoy (Seine-et-Oise). — Orchidées de semis... France.

Puteaux (J.-L.), à Versailles (Seine-et-Oise). — Fougères nouvelles. France.

Vallerand frères, à Taverny (Seine-et-Oise). — Browallias. Scutellarias............ France.

Troisièmes prix.

Neubronner, à Ulm. — Cyclamens.. Allemagne.

Weissbach, à Dresde. — Cyclamens... Allemagne.

CONCOURS DU 24 OCTOBRE 1900.

Hors concours.

André (Ed.), à Paris. — Plantes nouvelles.. France.

Moser (J.), à Versailles (Seine-et-Oise). — Cycadées, palmiers.................... France.

Premiers prix.

Béranek, à Paris. — Orchidées. . . . . France.

Bert, à Bois-Colombes (Seine). — Orchidées. France.

Caillaud, à Mandres (Seine-et-Oise). — Cyclamens . . . . France.

Caillaud, à Mandres (Seine-et-Oise). — Cyclamens . . . . France.

Cappe et fils, au Vésinet (Seine-et-Oise). — Cypripedium de semis. . France.

Cappe et fils, au Vésinet (Seine-et-Oise). — Orchidées. . . . . France.

Dallé (Louis), à Paris. — Orchidées. . . . . France.

Dallé (Louis), à Paris. - Plantes pour appartements. . . . . France.

Dallé (Louis), à Paris. — Plante nouvelle. . . . . . France.

Duval et fils, à Versailles (Seine-et-Oise). — Orchidées. . . . . France.

Lebaudy (Robert), à Bougival (Seine-et-Oise). — Begonias «Gloire de Lorraine» . . . . France.

Lebaudy (Robert), à Bougival (Seine-et-Oise). — Orchidées . . . . France.

Magne (G.), à Boulogne-sur-Seine (Seine). — Plantes de serres variées. . . . . France.

Maron (Charles), à Brunoy (Seine-et-Oise). — Cattleya hybride. . . . . France.

Maron (Charles), à Brunoy (Seine-et-Oise). Lælio cattleya. . . . . . . France.

Maron (Charles), à Brunoy (Seine-et-Oise). — Cattleya de semis. . . . France.

Régnier, à Fontenay-sous-Bois (Seine). — Vandas, Phalænopsis. . . . . France.

Simon (Ch.), à Saint-Ouen (Seine). — Plantes grasses . . . . France.

Simon (Ch.), à Saint-Ouen (Seine). — Plantes grasses pour marchés. . France.

«Union horticole» (L'), de Nogent-sur-Marne (Seine). — Caladium. France.

Vallerand frères, à Taverny (Seine-et-Oise). — Gloxinias. . . . . France.

Vallerand frères, à Taverny (Seine-et-Oise). — Gesnériacées. . . . . France.

Deuxièmes prix.

Balme, à Bois-Colombes (Seine). Orchidées. France.

Billiard et Barré, à Fontenay-aux-Roses (Seine). — Cyclamens. . . France.

Constantin fils, à Lons-le-Saunier (Jura). - Cyclamens. . . . . France.

Lange, à Paris. — Plantes fleuries. . . . . France.

Magne (G.), à Boulogne-sur-Seine (Seine). Vanda cœrulea . . . . . . France.

Régnier, à Fontenay-sous-Bois (Seine). — Vanda Sanderiana. . . . . France.

Vallerand frères, à Taverny (Seine-et-Oise). — Cyclamens. . . . . . . France.

Mentions.

Béranek, à Paris. — Fougères de semis. . . . . . France.

Cappe et fils, au Vésinet (Seine-et-Oise). — Lælio cattleya. . . . . France.

Lebaudy (Robert), à Bougival (Seine-et-Oise). — Begonias «Gloire de Lorraine» . . . . France.

CLASSE 48.

Graines, semences et plants de l'horticulture et des pépinières.

LISTE DU JURY.

Mussat (Émile), *président*........ France.
Lauche (Guillaume), *vice-président* .. Autriche.
Le Clerc (Léon), *rapporteur* ...... France.
Lefebvre (Georges), *secrétaire*..... France.

Barbier (Albert).............. France.
Defresne (Honoré)............. France.
Luquet (Jacques).............. France.

EXPERTS.

Chouvet (Louis-Jules)......... France.
Dauvesse (Paul).............. France.

Thiébaut (Pierre)............. France.

Hors concours.

Barbier et Cie, à Orléans (Loiret)............................. France.
Caveux (Ferdinand) et Le Clerc (Léon), à Paris................... France.
Delahaye (Ernest), à Paris................................... France.

Grand prix.

Vilmorin-Andrieux Cie, à Paris. — [Concours permanent et concours temporaires]............. France.

Médailles d'or.

Baltet (Lucien), à Troyes (Aube)........... France
Chouvet (Mme Vve Émile), à Paris........... France.

Denaiffe (Henri), à Carignan (Ardennes)..... France.
Férard (L.), à Paris.... France.
Simon-Louis frères et Cie, à Bruyères-le-Châtel (Seine-et-Oise). [Concours permanent et concours temporaires.] France.

Médailles d'argent.

Administrations locales des provinces de Madagascar (Exposition collective des)....... France.
Bellier de Villentroy (Pierre), à Chaudron-Saint-Denis (Réunion). France.
Comité local du Tonkin, à Hanoï (Indo-Chine). France.
École d'horticulture d'Oumagne............. Russie.

Faussemagne et Cie (Indo-Chine)........... France.
Mariani (Angelo)...... Pérou.
Ministère de l'Agriculture. Département de l'agriculture, Potagers du district de Rostow. Russie.
Ouvaroff (Comte Alexis), à Volsk........... Russie.
Reisen (Fr.), à Wahlhausen............. Luxembourg.

Roquet (Paul), à Paris.. France.
Thiébaut (Émile), à Paris.............. France.
Thiébaut-Legendre (Dominique), à Paris.... France.
Trumbull and Beebe, à San-Francisco ...... États-Unis.
Valtier (H.), à Paris... France.
Ville de Sfax (Tunisie). France.

Médailles de bronze

Carter (James) and Co, à Londres...... Grande-Bretagne
Chambre de commerce française de Tunis (Tunisie). France.
Chambre de commerce de Naples........... Italie.
Comité local du Cambodge. France.
Comité local de la Cochinchine, à Saigon (Indo-Chine)....... France.
Comité local pour l'organisation de l'Exposition du Sénégal........ France.
Département de l'Agriculture, à Sarajevo. Bosnie-Herzgovine.

Direction de l'école de viticulture de Boukovo.............. Serbie.
Gouvernement Coréen, à Séoul............. Corée.
Jardin d'essais de la Régence, à Tunis (Tunisie)............. France.
Ministère de l'agriculture, Direction des forêts............. Serbie.
Mission Auguste Chevalier (Sénégal)...... France.

Porcher (J.), à Mustapha (Algérie)........... France.
Protectorat de l'Annam (Indo-Chine)....... France.
Service de l'Agriculture de Madagascar, à Tananarive (Madagascar). France.
Société d'enseignement mutuel des Tonkinois... France.
Sutton and sons, à Reading........ Grande-Bretagne.
Tarnovsky (V.-.), à Antonovka........... Russie.

Mentions honorables.

ADMINISTRATION DU DOMAINE DE LA COURONNE, à Bucarest............ Roumanie.
BROGLIO (Émile), à Rome............ Italie.
CHAMBRE MIXTE DE COMMERCE ET D'AGRICULTURE DU SUD DE LA TUNISIE, à Sfax (Tunisie)..... France.
CRÉDIT FONCIER COLONIAL, Agence de la Réunion. France.
DAMOUR (Xavier)...... France.
HOAREAU (Antony)...... France.
LEBEAU............. France.
MICHIGAN SEED COMPANY, à South Haven...... États-Unis.
MOREL............. France.
SCHMIT............. France.
SELHAUSEN (Mme Vve) (Réunion)........... France.

COLLABORATEURS.

Médailles d'or.

ASSELIN (Louis), maison Baltet (Lucien)...... France.
DUGAS (Émile), maison Barbier et Cie........ France.
HODEL (Georges), maison Cayeux (Ferdinand) et Le Clerc (Léon)..... France.
PICOTTO, maison Vilmorin-Andrieux et Cie. France.

Médailles d'argent.

CARRÉ (Lucien), maison Denaiffe (Henri).... France.
DENIS, maison Vilmorin-Andrieux et Cie...... France.
DOUCE (Claudius), maison Cayeux (Ferdinand) et Le Clerc (Léon)..... France.
GUILLOCHON, Jardins d'essais de la Régence de Tunis............ France.
GUILLOIS, maison Vilmorin-Andrieux et Cie... France.
LEGROS, maison Vilmorin-Andrieux et Cie...... France.
PRESSOIR (Léon), maison Denaiffe (Henri)..... France.
ROUSSEL (Auguste), maison Barbier et Cie.... France.
TOUZÉ, maison Vilmorin-Andrieux et Cie...... France.

Médailles de bronze.

GÉRARD (Émile), maison Denaiffe (Henri)..... France.
GODFRIN (Nicolas-Charles), maison Simon-Louis frères et Cie........ France.
SEIZE (Édouard-Louis), maison Simon-Louis frères et Cie......... France.

Mention honorable.

RUDOLPH (Jules), maison Thiébaut (Émile).. France.

CONCOURS DU 18 AVRIL 1900.

Premiers prix.

VILMORIN-ANDRIEUX et Cie, à Paris. — Bulbes, griffes et rhizomes de plantes à fleurs............ France.
VILMORIN-ANDRIEUX et Cie, à Paris. — Racines porte-graines............ France.

CONCOURS DU 23 MAI 1900.

Premiers prix.

VILMORIN-ANDRIEUX et Cie, à Paris. — Plants d'espèces potagères............ France.
VILMORIN-ANDRIEUX et Cie, à Paris. — Plants d'espèces et variétés ornementales............ France.

CONCOURS DU 10 OCTOBRE 1900.

Premiers prix.

ROSETTE, à Caen (Calvados). — Bulbes, griffes, rhizomes .... France.

SIMON (Louis) frères et Cie, à Bruyères-le-Châtel (Seine-et-Oise). — Racines porte-graines .... France.

VILMORIN-ANDRIEUX et Cie, à Paris. — Bulbes, griffes et rhizomes .... France.

VILMORIN-ANDRIEUX et Cie, à Paris. — Plants de toutes sortes .... France.

VILMORIN-ANDRIEUX et Cie, à Paris. — Plantes d'ornement porte-graines. France.

VILMORIN-ANDRIEUX et Cie, à Paris. — Plantes de toutes sortes porte-graines .... France.

VILMORIN-ANDRIEUX et Cie, à Paris. — Racines porte-graines .... France.

Deuxièmes prix.

NOËFF, à Moscou. Bulbes. Russie

SIMON (Louis) frères et Cie, à Bruyères-le-Châtel (Seine-et-Oise).

— Plantes diverses porte-graines .... France.

9 782019 232627